本书的视频制作得到了“乡村振兴战略下‘三农’融合出版探索”项目的资助

扫码看视频·病虫害绿色防控系列

马铃薯病虫害绿色防控彩色图谱

全国农业技术推广服务中心　组编

李国清　郭文超　主编

中国农业出版社
北　京

编委会
EDITORIAL BOARD

主　编：李国清　郭文超

副主编：付开赟　金　琳　张　斌　李克梅　宋素琴　韩　盛

编　者（以姓氏笔画为序）：

丁新华　王小武　王志惠　王丽丽　尹　鹏　邓　盼

吐尔逊·阿合买提　米热古丽·胡尔西达　杜晓燕

李　超　李双建　吴建建　何　江　张　斌　张惠菊

阿依克孜　贾尊尊　徐晴玉　高　雁　康玮楠

视频审核：李　莉

编写单位

南京农业大学植物保护学院：李国清　金　琳　徐晴玉

康玮楠　吴建建

新疆农业科学院微生物应用研究所：郭文超　王小武　高　雁

宋素琴

新疆农业科学院植物保护研究所：付开赟　韩　盛

吐尔逊·阿合买提　丁新华　贾尊尊　何　江　王志惠

尹　鹏　米热古丽·胡尔西达　杜晓燕　李双建　阿依克孜

新疆农业大学农学院：李克梅　王丽丽　李　超

贵阳市植保植检站：张　斌

全国农业技术推广服务中心：李　莉

前言

FOREWORD

随着人们生活水平不断提高，对农产品也提出了新要求：不仅要满足传统的"民以食为天"，也要保证"食以安为先"。2011年，农业部下发《关于推进农作物病虫害绿色防控的意见》，正是对农产品品质消费、绿色消费新趋势的肯定和倡导。这一文件指出，农作物病虫害的防控应强化"公共植保、绿色植保"的理念，号召一线农业工作者转变植保防灾方式，大力推进农作物病虫害绿色防控，从而保障农业生产安全、农产品质量安全及生态环境安全。

本书即是响应这种植保防灾新理念、新方式而编写的，主要表现在以下4个方面：

(1) 本书仅选取了若不治理即可对马铃薯产量造成严重损失的种类。而对一些仅造成有限损失的次要有害生物，则可发挥马铃薯的耐害能力而免于治理。

(2) 农业防治是马铃薯病虫害绿色防控的基础。农业防治是以作物增产为目标，有意识地运用各种栽培技术措施，创造出有利于农作物生产和天敌发展而不利于害虫发生的条件，把害虫控制在经济损失允许密度以下。农业防治的优点是贯彻预防为主的主动措施，可以把害虫消灭在为害农田之前。合理作物布局或作物轮作间作，不仅可减少甚至断绝病菌和害虫的寄主食物，也可合理利用前茬作物上的天敌资源，达到较好的防治效果。此外，合理的肥水管理有利于培育壮苗，增加马铃薯的耐害能力。因此，农业防治是马铃薯病虫害绿色防控的关键措施和中心环节，也是我们在各种病虫害治理时首先介绍的措施，生产一线的工作者应予以重视，认真实施。

(3) 生物防治和物理防治可以作为病虫害防控的主要或辅助措施。生物防治有两个明显优点，一是天敌资源丰富，使用成本较低，便于利用；二是有时对某些害虫可以达到长期抑制的目的。物理防治是应用各种物理因子如光、电、色、温湿度等及机械设备来防治害虫的方法。生物防治和物理防治对人、畜安全，对环境污染极少，对田间生态系统影响小，应优先考虑。

(4) 化学防治是应急措施。所谓应急，是指其他措施无法在短时间内达到防治效果而不得不采取的措施。因此，化学防治应是不得已而用之的措施。

①药剂种类的选择与使用。在化学防治过程中，应科学选择和合理使用化学农药，以符合绿色防控的要求。科学选药应做到以下两点：第一，马铃薯病虫害绿色防控禁用高毒农药；第二，优先使用对人、畜和天敌低毒或无毒，对马铃薯和环境安全的农药品种，如植物源农药苦参碱和印楝素，微生物源农药多杀霉素和阿维菌素，以及昆虫生长调节剂等。

药剂使用方法也同样重要。目前提倡的科学用药要求优化农药的合理组合，不同农药种类轮换使用和交替使用，并制订、实施精准使用和安全使用农药等配套技术。

② 用药适期。准确预报病菌流行期和害虫发生期，抓住防治适期用药。例如，地上部分的害虫，用药宜早不宜迟。幼虫低龄时对药剂的耐受能力低，此时用药效果好。当幼虫高龄时，一方面食量大增，田间损失已经造成；另一方面，高龄幼

虫对药剂的耐受能力提高，防治效果差。而对于地下害虫，最佳策略是防治处于地面活动的虫态。如小地老虎幼虫低龄时在地面为害，高龄时转入地下为害，用药时期是幼虫尚在地面为害时，即在二龄幼虫高峰期用药。在这一时期，多数卵块已孵化变成幼虫，避免了一般农药对卵效果差的弱点；其次，低龄幼虫处于地面，便于防治；再次，药剂对低龄幼虫效果好于高龄幼虫。而对于金龟子、金针虫等，以防治成虫，减少田间种群数量效果较好。

③用药方式。同样的药剂品种，用药方式不同，对环境的影响也不同。药剂诱杀时几乎不影响环境。药剂浸种、拌种对环境的影响也较小。这一方法不仅可防治马铃薯苗期的地下害虫，避免缺苗断垄。若浸种、拌种的药剂为内吸性的，也可通过植物维管束而输送到地面，防治地上部害虫。如新烟碱类杀虫剂吡虫啉处理种薯后，除防治地下害虫外，也可防治苗期蚜虫，有效期可达2个月。毒土撒施、内吸剂涂茎、根区施药、药剂点心等施药方法，为天敌提供了无药的避难所，减少对天敌的影响。叶面喷雾对环境及人、畜的影响大，应尽量避免使用。不得已而用之时，也应根据害虫的田间分布，对虫口密度大的区域用药。这一称为“挑治”的手段，不仅可达到防治效果，减少用药量，节省药本和工本，而且可最大限度地保护田间天敌，减少对环境的污染，从而有利于对害虫的持续控制。

上述马铃薯绿色防控的要点，仅仅是编者根据现有研究结果和实践经验的初步总结。望马铃薯栽培和植保工作者酌情参用并补充完善。

编　者

目 录
CONTENTS

前言

PART 1 病害

马铃薯晚疫病/2
马铃薯早疫病/4
马铃薯叶枯病/6
马铃薯干腐病/8
马铃薯黄萎病/10
马铃薯尾孢叶斑病/12
马铃薯炭疽病/14
马铃薯粉痂病/16
马铃薯黑痣病/17
马铃薯枯萎病/19
马铃薯癌肿病/21
马铃薯银腐病/23
马铃薯白绢病/24
马铃薯灰霉病/25
马铃薯环腐病/26
马铃薯软腐病/28
马铃薯黑胫病/30
马铃薯青枯病/32
马铃薯疮痂病/34
马铃薯卷叶病/36
马铃薯帚顶病毒病/39
马铃薯轻花叶病/42
马铃薯副皱花叶病/43
马铃薯潜隐花叶病/44
马铃薯普通花叶病/46
马铃薯重花叶病/48
马铃薯茎杂色病/49
马铃薯纺锤块茎病/50
马铃薯黄斑花叶病/52
马铃薯根结线虫病/53
马铃薯腐烂茎线虫病/54
马铃薯金线虫病/56
马铃薯冻害/57
马铃薯药害/59
马铃薯绿皮薯/60

PART 2 虫害

马铃薯甲虫/62
马铃薯二十八星瓢虫/66
豆芫菁/69

甜菜夜蛾/72
甘蓝夜蛾/75
草地螟/77
短额负蝗/80
马铃薯块茎蛾/82
黄蚂蚁/84
大地老虎/86
小地老虎/88
八字地老虎/89
蛴螬/90
沟金针虫/92
细胸金针虫/94
单刺蝼蛄/95
东方蝼蛄/97
豌豆潜叶蝇/99
美洲斑潜蝇/101
南美斑潜蝇/103
桃蚜/104
茶黄螨/107
假眼小绿叶蝉/109
大青叶蝉/110
黄蓟马/111

PART 3 绿色防控技术

预测预报/114
植物检疫/115
农业防治/119
生物防治/123
物理防治/124
化学防治/126

附录1 主要病虫害防治历/130

附录2 防治常用农药/132

参考文献/134

PART 1

病　害

马铃薯晚疫病

马铃薯晚疫病

田间症状 马铃薯晚疫病又称马铃薯疫病、马铃薯瘟病，主要为害马铃薯的叶、茎和薯块。叶片发病，多从叶尖和叶缘开始，初为水渍状褪绿斑，在冷凉潮湿的条件下，病斑迅速扩大变为暗绿色至褐色圆斑（图1），甚至可扩大至全叶，叶背常生白色霉层（图2）。严重时叶片萎垂、发黑，可造成全株枯死。干燥时，叶片上的病斑变褐、干枯，质脆易裂，无白霉，且扩展速度减慢。茎部受害，出现长短不一的褐色条斑，天气潮湿时，通常会长出白霉，但较为稀疏。薯块受害，初为小的褐色或稍带紫色的病斑，以后稍凹陷，病斑可扩大（图3）。切开病部，可见皮下薯肉呈褐色，且逐渐向四周及内部发展，病薯在高湿条件下培养2 ~ 3天，可长出白色霉状物。薯块可在田间发病并烂在田里，也可在贮藏期发病引起烂薯。

图1　叶部病斑

图2　叶背着生的白色霉层

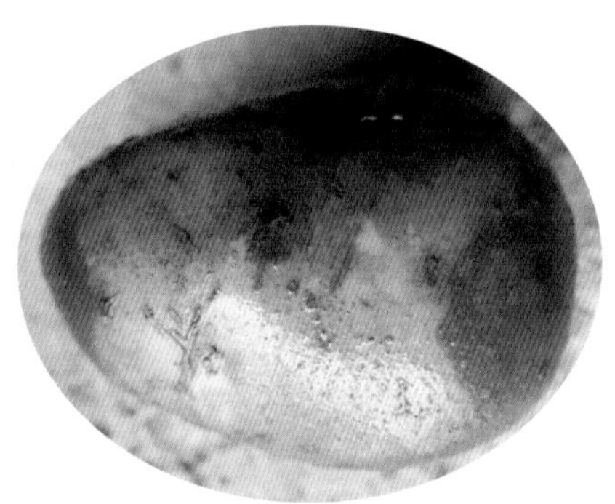
图3　块茎受害状

发生特点

病害类型	真菌性病害
病　原	致病疫霉菌[*Phytophthora infestans* (Mont.) de Bary]，属卵菌门霜霉目疫霉属（图4、图5）
越冬场所	病菌主要以菌丝体在病薯中越冬
传播途径	通过雨水、灌溉水、气流等进行传播
发病原因	高湿、温度20 ～ 23℃、种薯带菌、地势低洼、排水不良、土壤贫瘠、偏施氮肥、播种过密

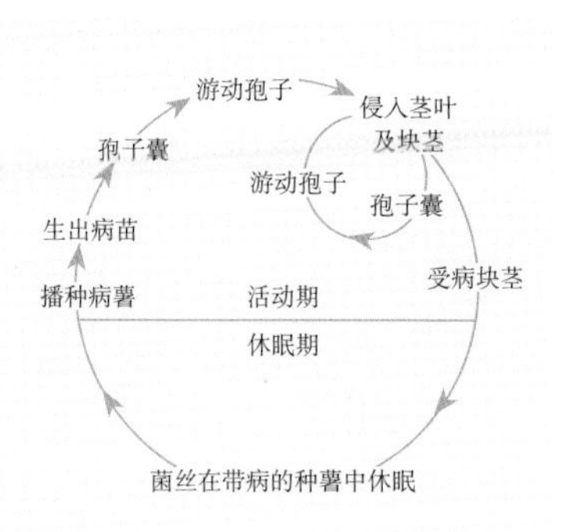

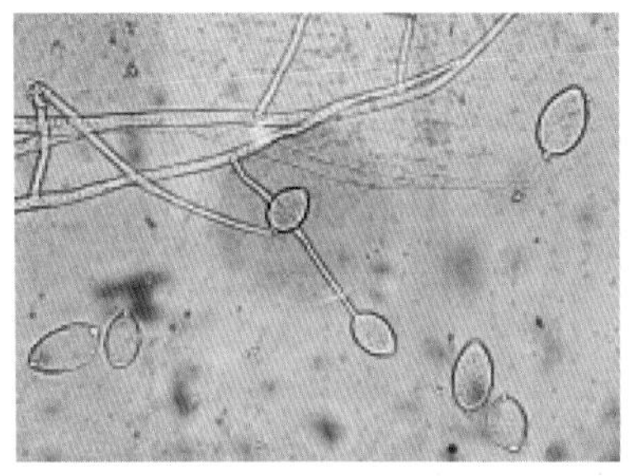

图4　致病疫霉菌孢囊梗和孢子囊

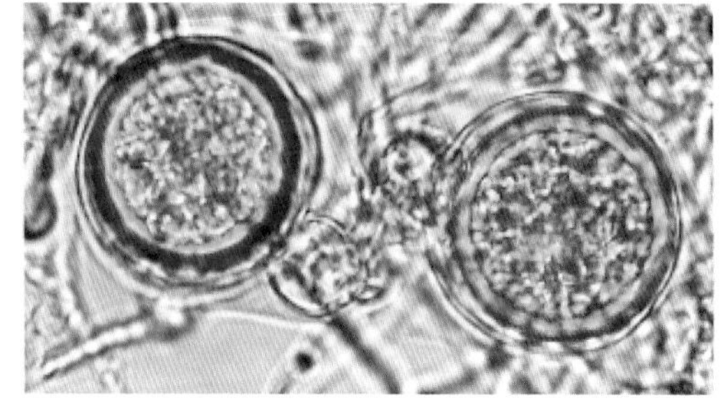

图5　致病疫霉菌卵孢子

防治适期 提前预防是关键，加强种薯检验，证实无病后方可调种；播前对种薯进行药剂处理；田间早期发现少量病苗时，应拔除病株，及时喷药，喷药时应注意尽量喷洒发病部位。

防治措施

1. 农业防治　①选用抗病品种。目前我国已育出上百个具不同程度抗病能力的马铃薯品种，包括中薯4号、中薯5号、克新8号、云薯103等。②严格执行种薯准入制度，防止病害蔓延。③选用脱毒种薯、精选种薯，切刀消毒。④建立无病留种地，高垄、大垄栽培，加强田间栽培管理。

2. 化学防治　①用72%霜脲氰·代森锰锌可湿性粉剂600 ～ 800倍液浸泡种薯15 ～ 30分钟，晾干后播种。②当田间出现中心病株时立即清除，并带出田外深埋或烧毁，病穴要撒石灰消毒处理，病株周围30 ～ 50米范围用杀菌剂喷雾封锁。③根据病情发展情况，每隔7 ～ 10天喷药1次，连续用药2 ～ 4次。当田间马铃薯晚疫病已开始蔓延流行时，选择防治马铃薯晚疫病的治疗剂，开展统一防治。施药次数和间隔时间可根据气象条件和品种的抗病性而定，降雨多、雨日多、感病品种应增加施药次数，5 ～ 7天施一次药。常用的药剂和用量：可选用20%吡唑醚菌酯微囊悬浮剂90 ～ 150克/公顷、59%唑醚 · 丙森锌水分散粒剂398 ～ 442克/公顷、60%氟菌 · 锰锌可湿性粉剂630 ～ 765克/公顷、40%噁酮 · 烯酰悬浮剂180 ～ 300克/公顷、52.5%噁酮 · 霜脲氰水分散粒剂236 ～ 315克/公顷、30%噁唑菌酮水分散粒剂135 ～ 180克/公顷、40%烯酰 · 氟啶胺悬浮剂300 ～ 420克/公顷、50%氟啶胺悬浮剂187 ～ 262克/公顷等交替使用。

易混淆病害 马铃薯晚疫病与马铃薯灰霉病的症状容易混淆，可从以下几点加以区分：①马铃薯晚疫病病部霉层呈白色，马铃薯灰霉病病部霉层呈灰色。②马铃薯灰霉病后期病菌可产生深褐色、球形或扁粒状的菌核，而马铃薯晚疫病则不产生菌核。

马铃薯早疫病

田间症状 马铃薯早疫病又称马铃薯轮纹病，主要为害叶片，也可为害叶柄、茎和块茎。植株染病多从下部叶片开始，逐渐向上部蔓延。初期表现褐色凹陷圆形的小斑，后逐渐扩大成黑褐色、圆形或近圆形、具同心轮纹（图6）、大小3 ～ 4厘米的病斑。湿度大时，病斑上生出黑色霉层，即病原菌分生孢子梗和分生孢子。发病严重时病斑连成片，叶片干枯脱落，田间植株成片枯黄（图7）。块茎染病产生圆形或近圆形病斑，暗褐色，稍凹陷，边缘分

马铃薯早疫病

图6　叶部病斑

明，皮下呈浅褐色海绵状干腐（图8）。该病近年呈上升趋势，造成的危害有些地区不亚于晚疫病。

图7　植株枯黄

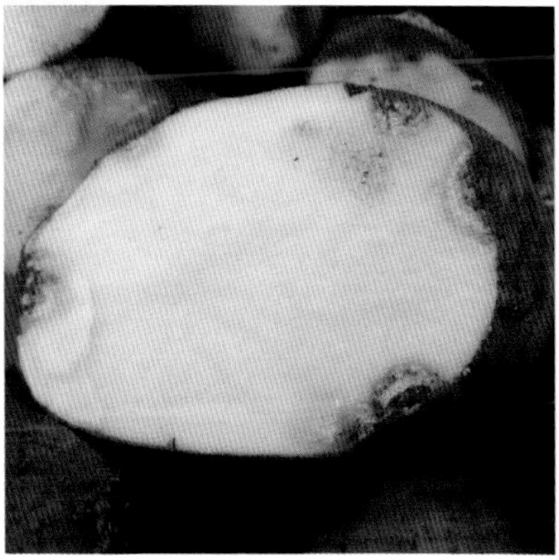

图8　块茎上的病斑

发生特点

病害类型	真菌性病害
病　原	茄链格孢菌[*Alternaria solani*（Ell. et Mart.）Jones et Grout]，属半知菌亚门（即无性态真菌）丛梗孢目链格孢属真菌（图9）
越冬场所	病菌以分生孢子或菌丝在病残体或带病薯块上越冬
传播途径	风是主要传播途径，也可通过雨水、土壤、种子传播
发病原因	种薯带菌，土壤瘠薄、肥力不足地块，温暖潮湿、湿润和干燥交替有利发病

先后侵入老叶及幼嫩组织
再侵染
分生孢子
分生孢子
生出病苗
菌丝、分生孢子
播种病薯、种薯发芽染菌
在病残体、病薯上越冬

防治适期　一般在盛花期后，田间下部叶片马铃薯早疫病的病斑率达到5%时，进行初次用药，以后视病情发展每隔7～10天喷施一次。

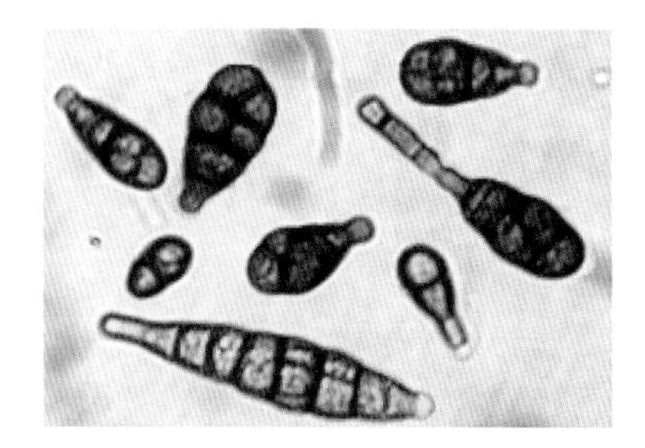
图9　茄链格孢菌分生孢子

防治措施

1. 农业防治　①加强栽培管理，选择土壤肥沃的干燥田块种植，增施有机肥，提高寄主抗病能力是主要措施。②选育抗病品种。抗马铃薯早疫病的品种很少，一般来说，晚熟品种的发病率低于早熟品种。我国筛选出的抗性品种有晋薯14、晋薯7号、同薯20、同薯23、陇薯3号、陇薯6号、克新1号、克新4号、克新12、克新13和克新18等。

2. 化学防治 生产上防治马铃薯早疫病的主要措施是喷施杀菌剂。常用的药剂和用量（有效成分）：可选用80%或65%代森锌可湿性粉剂960 ~ 1 200克/公顷、75%肟菌·戊唑醇水分散粒剂112.5 ~ 168.8克/公顷、25%嘧菌酯悬浮剂112.5 ~ 187.5克/公顷、60%唑醚·代森联水分散粒剂360 ~ 540克/公顷、52.5%噁酮·霜脲氰水分散粒剂236 ~ 315克/公顷、500克/升氟啶胺悬浮剂187.5 ~ 262.5克/公顷、500克/升苯甲·丙环唑乳油112.5 ~ 150克/公顷、18.7%烯酰·吡唑酯水分散粒剂210 ~ 350克/公顷等药剂交替使用。当年雨水偏多，每隔7 ~ 10天喷1次，如雨水较少，每隔10 ~ 15天喷1次。全年喷施4 ~ 9次。

易混淆病害 马铃薯早疫病与马铃薯灰霉病的症状容易混淆，可从以下几点加以区分：①马铃薯早疫病病斑较为规则，通常呈同心轮纹，马铃薯灰霉病病斑不规则；②马铃薯灰霉病后期病菌可产生深褐色、球形或扁粒状的菌核，而马铃薯早疫病则不产生菌核。

马铃薯叶枯病

田间症状 该病主要为害叶片。植株生长中后期，下部叶片从靠近叶缘或叶尖处开始，形成褐绿色坏死斑，后逐渐呈近圆形至V形灰褐至红褐色大型坏死斑，病斑轮纹不明显，外缘常褪绿黄化，最终叶片坏死枯焦（图10）。

图10　马铃薯叶枯病叶部症状

茎蔓染病后形成不定形灰褐色坏死斑，后期病斑上产生褐色小颗粒，即病菌的分生孢子器，而叶片病斑通常不产生分生孢子器。

发生特点

病害类型	真菌性病害
病　原	广生亚大茎点菌[*Macrophomina phaseoli*（Maubl.）Ashby]侵染引起，属半知菌亚门大茎点霉属
越冬场所	病菌以菌核或菌丝随马铃薯病残体在土壤中越冬，也可在其他寄主残体上越冬
传播途径	雨水把地面病菌反溅到叶片或茎蔓上引起初侵染，发病后病部产生菌核或分生孢子器借助于雨水传播进行多次重复侵染，致使病害扩展蔓延
发病原因	品种抗病性弱，地势低洼、排水不良、播种过密、通风较差等造成田间湿度过大，土壤贫瘠，偏施氮肥有利于病害发生

侵染叶片、茎或蔓
再侵染
菌丝、菌核
随病残体在土壤中越冬

防治适期 播种前将土壤深耕并暴晒，田间早期发现少量病叶时应及时摘除。

防治措施

1. 农业防治 加强栽培管理，在播种前，积极清除田间杂草及作物病残体，土壤深耕25厘米左右，将表面病菌翻入土中，并进行土壤暴晒。播种时，选择较肥沃的地块种植，合理密植。生长期增施有机肥，适当配合施用磷、钾肥，科学配比。适时浇水，注意及时排除地势低洼积水，避免湿度过大。如田间发现病叶或老叶及时摘除。

2. 化学防治 发病初期喷雾防治，药剂可选用80%或65%代森锌可湿性粉剂960 ～ 1 200克/公顷、60%唑醚 · 代森联水分散粒剂360 ～ 540克/公顷、18.7%烯酰 · 吡唑酯水分散粒剂210 ～ 350克/公顷等交替使用。当年雨水偏多，每隔7 ～ 10天喷1次，雨水较少时，每隔10 ～ 15天喷1次，全年喷施4 ～ 9次。

易混淆病害 马铃薯叶枯病叶片出现褐色大型坏死斑，具不明显轮纹，与早疫病相似，早疫病叶片出现褐色坏死斑，有明显轮纹，但无从靠近叶缘或叶尖处开始的V形灰褐色至红色病斑。

马铃薯干腐病

马铃薯干腐病

田间症状 马铃薯干腐病是典型的贮藏期病害，马铃薯块茎上的症状一般在贮藏1个月后才开始显现。受害块茎表皮上可见小的褐色斑点，随着病斑逐渐扩大，表皮下陷并皱缩，有时形成同心轮纹，其上有时长出灰白色的绒状颗粒，即病菌子实体。病薯内部有空洞，呈坏死状变褐，伴有菌丝生长，薯肉变为灰褐色或深褐色、僵缩、干腐、变轻、变硬。到后期发病严重时，病薯整个皱缩干腐，表皮上长出霉状物，无法食用（图11）。此外，感染马铃薯干腐病的薯块在贮藏期间容易遭致其他真菌、细菌的二次侵染或腐生，严重时导致整窖腐烂。

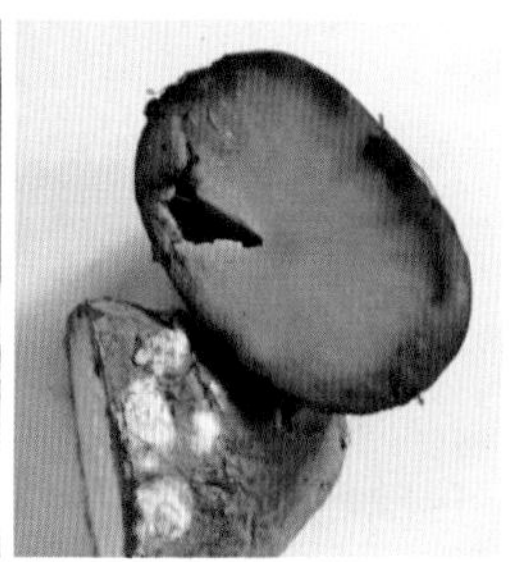

图11　马铃薯干腐病症状

发生特点

病害类型	真菌性病害
病　原	马铃薯干腐病由半知菌亚门的镰孢霉属（*Fusarium*）下多个种复合侵染（图12）。其中以腐皮镰孢霉（*F. solani*）最普遍，发生概率最大，而腐皮镰孢霉深蓝变种（*F. solani* var. *coeruleum*）的致病性最强
越冬场所	病菌以分生孢子或菌丝体在田间土壤和病残组织中越冬，还可在贮库内病薯及已污染的墙面、地面和箩筐等工具上越冬
传播途径	田间主要通过虫伤、机械伤口侵入块茎，贮库内主要通过接触及昆虫传播
发病原因	品种抗病性差异，田间湿度过大、温度低、土壤通透性差，出苗延迟，易引起发病；贮藏时，贮库内温度过高、通风条件差，混入库的病薯、伤薯较多易发病

在带病种薯或土壤上越冬
经土壤和种薯传播，由伤口入侵块茎
田间
菌丝分生孢子
入库
病薯
贮库内再侵染
库内病薯、已污染的贮库及工具上越冬
经接触和昆虫传播，由伤口入侵块茎

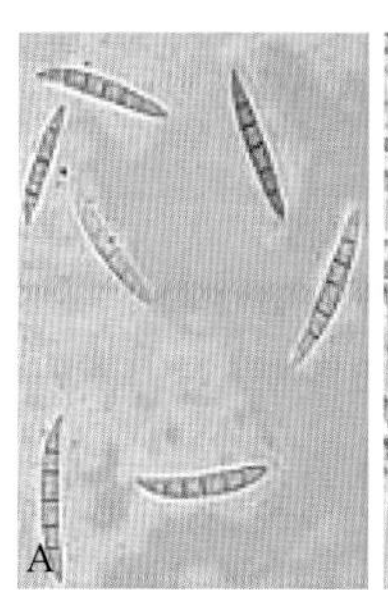

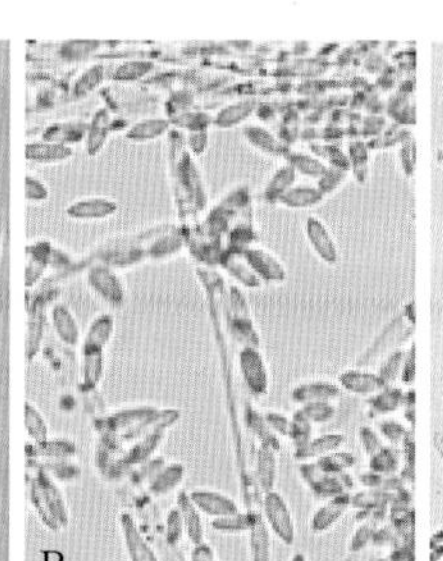

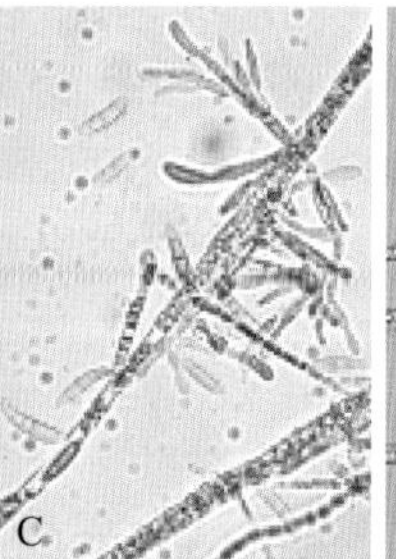

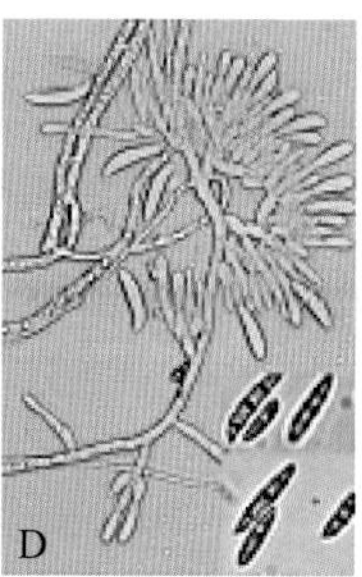

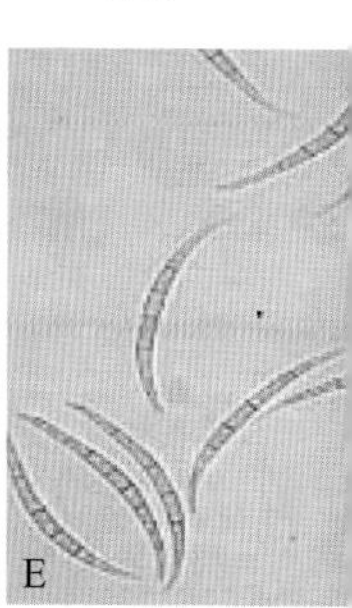

图12　马铃薯干腐病病原

A.锐顶镰孢霉　B.茄病镰孢霉　C.黄色镰孢霉　D.接骨木镰孢霉　E.半裸镰孢霉

防治适期 从田间管理到收获、入库、贮库管理等每一个环节都必须把病害的预防工作落实到位，控制好贮库温度、湿度，减少机械损伤。

防治措施

1.**收获期防治**　要在晴天收获，选择马铃薯表皮韧性较强、皮层相对较厚时收获。收获后摊晒数天，避免收获、运输过程中相互碰撞、挤压等对马铃薯造成机械伤口，尽可能轻拿轻放，保证马铃薯的完整性，既能提高其商品价值，又能减轻病害发生。马铃薯不可堆放过高，否则内部温度过高易造成腐烂（超过21℃而造成缺氧）。

2.**贮藏期防治**　①马铃薯入库前，要清除库内杂物，用硫黄粉、高锰酸钾与甲醛的混合剂熏蒸，对贮库进行全面消毒，封库熏蒸24 ~ 48小时后，通风数日。②严格挑选较完整马铃薯块茎，将病、虫、伤薯剔除，田间已经受霜冻、冷害的马铃薯不得入库贮藏。③入库前进行预贮，以便伤口较快愈合。一般在21℃及较高湿度下，外皮的伤口需3 ~ 4天才能愈合；15℃时约需8天；温度太低，不易形成愈伤组织。④入库后，温度应保持在3 ~ 4℃，相对湿度为60% ~ 70%。贮藏期间勤检查，发现病薯应及时剔除，减少传播。⑤库内块茎以小堆分开摆放为宜，高度1 ~ 3米。

易混淆病害 马铃薯干腐病和马铃薯坏疽病的发病症状非常相似，两者的区别在于马铃薯坏疽病形成的腐烂颜色较淡，在病害侵染部位和健康部位之间有渐变和过渡，界线不明显。在种薯内部空洞处形成灰白色逐渐转成蓝色的菌丝，潮湿条件下，还会在受害部位表皮形成灰白色孢子垫，随着病害的发展，孢子垫颜色转为深蓝色。

马铃薯黄萎病

田间症状 马铃薯黄萎病又称马铃薯早死病，马铃薯植株的生长早期即可感病，使其成熟前死亡。在生长季节感病时，植株失去活力，导致萎蔫。植株感病后，通常由下向上发展，初期仅一条茎或茎一侧的小枝叶片呈现萎蔫，叶尖沿叶缘以及主脉间呈现出褪绿黄斑，并逐渐加深，但主脉及其附近的叶肉组织仍保持绿色，呈西瓜皮状。发病后期叶缘上卷，叶片由黄逐渐变褐干枯，全部复叶枯死，不脱落，病茎维管束组织变褐色。病薯纵切时，可见维管束于蒂部呈“八”字形或半圆形发病变褐色（图13）。发病严重时，块茎里的病部可扩展至髓部，形成洞穴，粉红色或棕褐色变色围绕芽眼发展，或在被侵染的表面形成不规则的斑点。

图13　马铃薯黄萎病症状

发生特点

病害类型	真菌性病害
病　原	马铃薯黄萎病的病原有6种（图14），均属半知菌亚门丝孢纲丝孢目，其中，5种属于轮枝菌属：黑白轮枝菌（*Verticillium alboatrum* Reinke and Berthold）、大丽轮枝菌（*V. dahliae* Klebahn）、非苜蓿生轮枝菌（*V. nonalfalfae* Inderb.）、云状轮枝菌（*V. nubilum* Pethybridge）和三体轮枝菌（*V. tricorpus* Isaac），1种为*Gibellulopsis nigrescenss*（Pethybr.）Zare 。6种病原中，黑白轮枝菌和大丽轮枝菌对马铃薯产量及品质影响最大，是马铃薯黄萎病的主要病原，另外4种在马铃薯生长期或贮藏期营弱寄生或腐生生活，对马铃薯的危害相对较小
越冬场所	病菌主要以休眠菌丝或拟菌核随病残体在土壤中越冬，菌丝还可在感病种薯上越冬
传播途径	近距离主要随土壤传播，也可随着附有病土的种薯远距离传播；其次通过灌溉水、农机具传播，或通过根的接触蔓延传播
发病原因	温暖高湿，越冬土壤含菌量大，地势低洼，土质黏重，施用未腐熟粪肥有利于发病

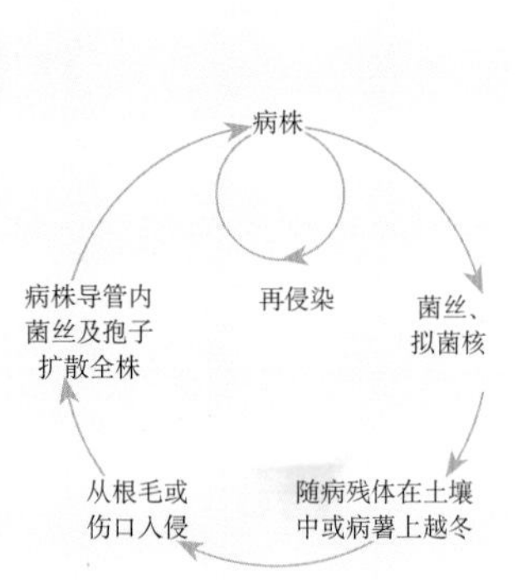

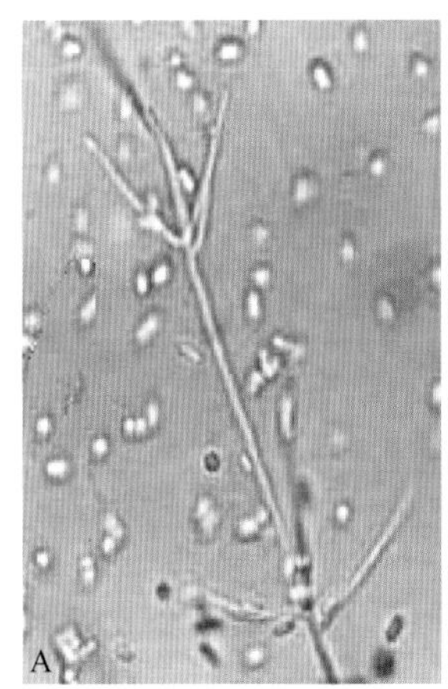

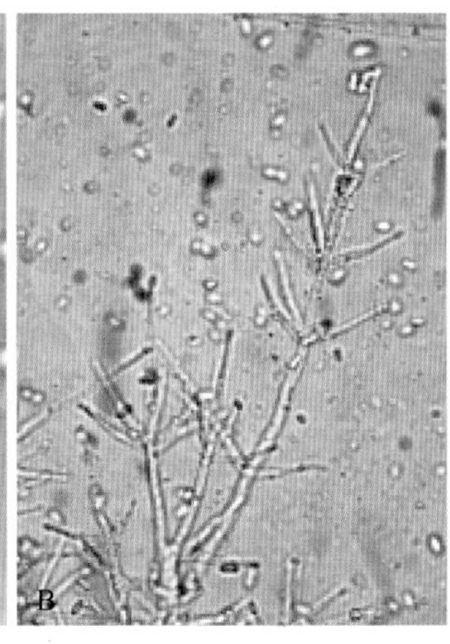

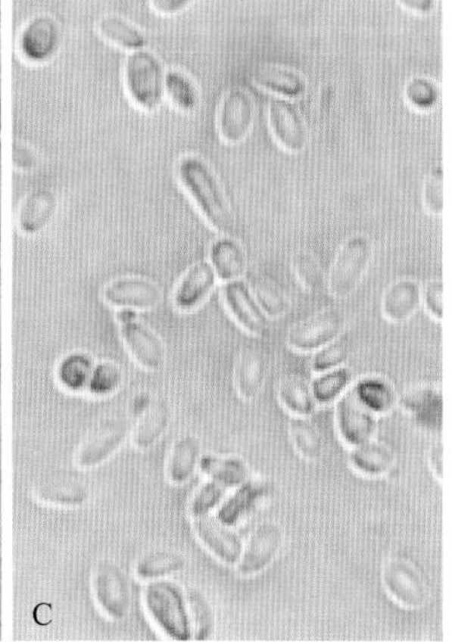

图14　马铃薯黄萎病病原
A、B.分生孢子梗　C.分生孢子

防治适期 提前预防是关键，与禾本科作物实行轮作，种薯播种前拌药或消毒处理，或使用木霉生防菌（*Trichoderma harzianum*）与有机肥提高植株抗性。

防治措施

1.农业防治 ①选用健康种薯，留取无病种薯田。②播种前，将混合有苏丹草、玉米秸秆等的绿肥施到土壤中进行改良，可有效降低马铃薯黄萎病危害。③严格切刀消毒，起垄做畦，适时播种，避开春季冻害及雨季。④农事操作注意减少伤根，结合消灭线虫和地下害虫。⑤适当增施氮肥，科学配施磷、钾肥，尽量施用充分腐熟的有机肥。纯氮用量为180千克/公顷时，既可提高马铃薯产量，又能降低马铃薯黄萎病发病率。⑥注意晴天浇水，勿大水漫灌，灌水后及时中耕。开花期后和块茎膨大期水量过少，或者从出苗到形成块茎时期水量过多，都会增加马铃薯黄萎病的发病率，但生长前期若缺少水分会造成减产。⑦可与禾本科、豆科等作物实行倒茬，避免连作或与茄科等作物轮作，收获后要及时清除田间病残体，减少菌源。

2.化学防治 薯块消毒，播种前使用50%多菌灵（苯并咪唑44）500倍液或70%甲基硫菌灵800倍液浸泡消毒马铃薯块茎1小时，或将50%多菌灵200克、75%农用链霉素50克与滑石粉2千克充分混匀，与100千克切好的种薯进行拌种，拌种后放置阴凉处4～5天后播种。

3.生物防治 利用木霉生防菌300倍液混于腐熟有机肥干料中制成菌肥，每穴50克，种薯播于其上，后盖土10厘米，待马铃薯出苗后再以300倍孢子液进行灌根。

易混淆病害 马铃薯黄萎病病叶变色、反卷的症状极易与马铃薯卷叶病混淆，区分如下：①马铃薯黄萎病发生由下部叶片先开始变色、反卷，并呈现出缺水性萎蔫状，马铃薯卷叶病先由植株顶部幼嫩叶片发生变色、反卷，叶片小而厚，较脆。②湿度大时，马铃薯黄萎病被害部及周围地面产生白色霉状物，而马铃薯卷叶病则不产生霉层。

马铃薯尾孢叶斑病

田间症状 该病主要为害马铃薯叶片和地上部茎秆，茎块未见发病。病菌侵染叶片后初期形成黄色至浅褐色圆形病斑，后扩大成不规则形病斑，

颜色变为深褐色或黑褐色，在潮湿的环境下，叶片背面会有一层灰色致密霉层，即病原菌的分生孢子梗和分生孢子（图15）。

图15　马铃薯尾孢叶斑病病叶

发生特点

病害类型	真菌性病害
病　原	绒层尾孢[*Cercospora concors*（Casp.）Sacc.]，属半知菌亚门
越冬场所	病菌以菌丝体和分生孢子在病残体中越冬，成为翌年侵染源
传播途径	翌年在马铃薯生长期间分生孢子经风雨传播侵染
发病原因	在温度适宜且雨水多的条件下，流行迅速，连作地发生重

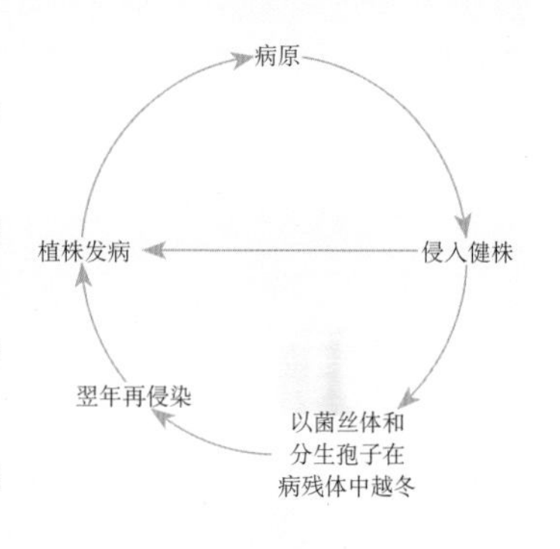

防治适期

病害发生初期。

防治措施

1. 农业防治　①与豆科、百合科、葫芦科作物实行轮作。②发病区域收获后实行土壤深耕。

2. 化学防治　发病初期喷洒50%多霉威可湿性粉剂1 000 ～ 1 500倍液、75%百菌清可湿性粉剂600倍液、50%混杀硫悬浮剂500 ～ 600倍液、30%碱式硫酸铜悬浮剂400倍液或1：1：200波尔多液，每隔7 ～ 10天施用1次，连续防治2 ～ 3次。

马铃薯炭疽病

田间症状 发病初期，马铃薯整个地下部分都易感染病菌，块茎、根、茎基部等先出现大量黑色的斑点及褐色小菌核（图16），然后，植株顶端叶片变黄、萎蔫、稍向上反卷，症状由上向下发展。发病后期，叶柄、小叶和茎上也形成褐色至深褐色斑，中间部位凹陷，病部生出许多灰色小粒点，最终整株褐色萎蔫死亡，植株易拔出。地下根部染病从地面至薯块的皮层组织腐朽，易剥落，侧根和须根变为褐色逐渐坏死，茎基部空腔内长出很多黑色粒状物。

马铃薯炭疽病

图16 马铃薯炭疽病症状

发生特点

病害类型	真菌性病害
病 原	球炭疽菌（*Colletotrichum coccodes*）是主要病原物，属半知菌亚门炭疽菌属（图17）
越冬场所	病菌主要以小菌核或菌丝在种薯表面或土壤中病残体上越冬
传播途径	种薯带菌是主要传播途径，再侵染主要通过风雨进行传播
发病原因	病田多年连作，越冬土壤含菌量大；高温高湿，不良土壤灌溉以及低肥条件；种薯带菌量较多

先从伤口入侵根、茎及匍匐枝、叶
再侵染
分生孢子
分生孢子
休眠菌丝或菌核
病残体、病薯上越冬

防治适期 马铃薯炭疽病的防治非常困难，病原菌对植株的各个生长部位都可以侵染，世界范围还没有完全抗病的品种，所以只能依靠农业防治来降低该病的发生。

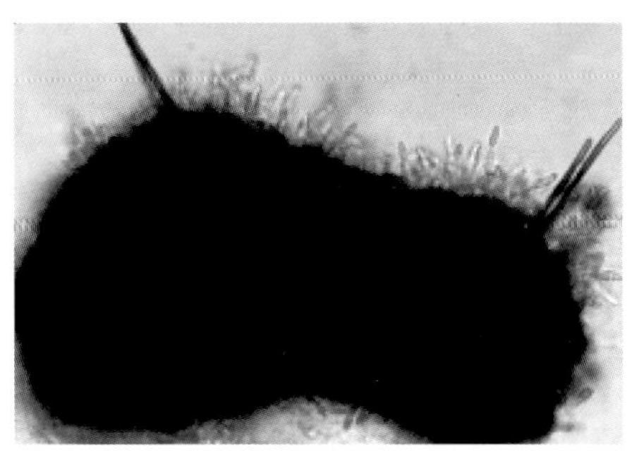

图17　马铃薯炭疽病病原形态

防治措施

1. **农业防治**　①主要依靠选择无病种薯。②播种前，积极清除田间杂草及作物病残体。③延长非寄主作物轮作时间，避免与番茄、辣椒、茄子等茄科作物轮作，最好与其他科作物如禾本科作物实施轮作5年以上。④提高土壤肥力，避免湿度过大，土壤深耕25厘米左右，将病残体翻入较深的土中，并进行土地暴晒，减少种子周围的病原。⑤收获期减少挤压、擦伤等机械性损伤。⑥入库前，适当晾晒马铃薯；贮库消毒使用含有效氯0.3% ～ 0.4%的漂白粉或强氯精进行喷洒，封库24 ～ 48小时后充分通风。⑦选用抗病品种，较为抗病的商品品种有冀张薯8号、克新1号、冀张薯12等。⑧播前实行催芽晒种，将种薯放置在避光的20 ～ 25℃条件下催芽，待芽长整齐后切芽种植，切芽时注意刀片消毒等。

2. **生物防治**　主要是利用部分放线菌和内生细菌的抑制作用，如链霉属菌（*Streptomyces badius*）对防治马铃薯炭疽病有较好的防效，枯草芽孢杆菌（*Bacillus subtillis* ZHA10）可使病原菌菌丝变形、裂解，对球炭疽菌有很强的抑制作用。

3. **植物检疫**　增强检疫措施，控制病原传播。马铃薯炭疽病在我国发生分布较少，应增强检疫措施，控制种薯的调运，该病一旦在我国大面积扩散，将对我国马铃薯产业造成严重危害。

4. **化学防治**　拌种选用75%肟菌·戊唑醇水分散粒剂、250克/升嘧菌酯悬浮剂、25%溴菌腈可湿性粉剂；田间喷洒选用75%肟菌·戊唑醇水分散粒剂112.5 ～ 168.75克/公顷、25%嘧菌酯悬浮剂112.5 ～ 187.5克/公顷，每隔7天喷1次，连喷3次，可有效降低马铃薯炭疽病的发生。

易混淆病害 马铃薯炭疽病与马铃薯茎溃疡病易混淆，两者区别在于马铃薯炭疽病可使马铃薯根部、茎基部形成褐色至黑褐色病斑，病斑较马铃薯茎溃疡病色深，上面有较小点状突起；而马铃薯茎溃疡病通常仅在茎基部形成褐色病斑，且色较浅，亦无点状突起。

马铃薯粉痂病

田间症状 马铃薯粉痂病主要为害块茎及根部，有时茎也可染病。块茎染病后在表皮出现针头大小的褐色小斑，病斑边缘有半透明的晕环，后小斑逐渐隆起、膨大，形成3～5厘米不等的疱斑，其表皮尚未破裂，为粉痂的封闭疱阶段，随病情的发展，疱斑表皮破裂、反卷，皮下组织现橘红色，散出大量深褐色粉状物（孢子囊球），疱斑凹陷成火山口状，外围有木栓质晕环，为粉痂的开放疱阶段（图18）。根、匍匐茎和地下部位形成大小不等、形状不同的根瘿或肿瘤，初期为白色，后变黑色。

图18　马铃薯粉痂病受害茎块

发生特点

病害类型	真菌性病害
病　原	粉痂菌[*Spongospora subterranea* (Wallr.) Lagerh.]，属鞭毛菌亚门根肿菌纲粉痂菌属
越冬场所	病菌以休眠孢子囊球在种薯内或随病残物遗落在土壤中越冬，病薯和病土成为翌年本病的初侵染源
传播途径	病害的远距离传播靠种薯的调运，田间则通过带菌土壤、肥料及雨水进行近距离传播
发病原因	土壤相对湿度90%左右，土温18～20℃，土壤pH 4.7～5.4，适于病菌发育，因而发病重。一般雨量多、夏季较凉爽的年份易发病。本病发生的轻重主要取决于初侵染病原菌的数量，田间再侵染即使发生也不重。休眠孢子可在土壤中存活4～5年，当条件适宜时，萌发产生游动孢子，从根毛、皮孔或伤口侵入

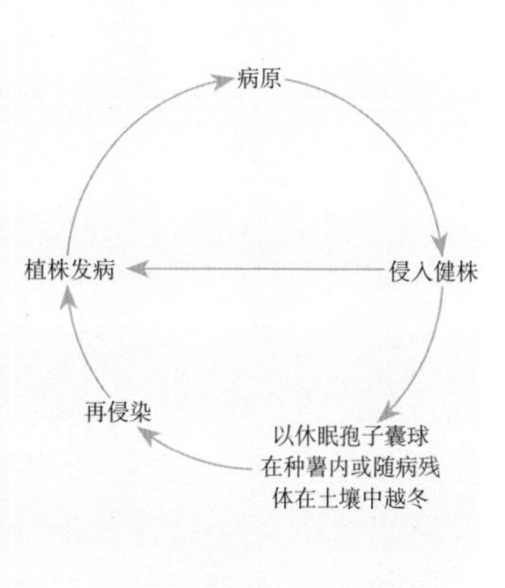

防治适期 病害发生初期。

防治措施

1. **植物检疫**　严格执行检疫措施，对病区种薯禁止外调，禁止从疫区调入种薯。

2. **农业防治**　①实行轮作。实行马铃薯与谷类或豆类作物5年以上的轮作。②筛选无病种薯。在病害发生地区，如不能提供健康种薯，则对播种用的种薯应逐个挑选，选用外形整齐、无任何病症的薯块作为种薯。③科学施肥。增施基肥或磷、钾肥，多施石灰或草木灰，改变土壤pH。④加强田间管理。提倡高畦栽培，避免大水漫灌。

马铃薯黑痣病

田间症状 马铃薯黑痣病又称马铃薯立枯丝核菌病、丝核菌溃疡病、茎溃疡病、黑（褐）色粗皮病。主要为害马铃薯的幼芽、茎基部及块茎。块茎发病多以芽眼为中心，生成褐色病斑，往往造成不出苗或晚出苗，出苗幼芽染病顶部出现褐色病斑，严重时形成芽腐，造成缺苗断垄。出土后染病初期，植株下部叶片发黄，茎基形成褐色凹陷斑，大小1 ～ 6厘米。病斑上或茎基部常覆有白色菌丝层（图19），轻者症状不明显，重者茎基部变黑腐烂，可导致立枯或顶部萎蔫。可在成熟的块茎表面形成大小不一、形状不规则、坚硬、颗粒状的黑褐色或暗褐色的菌核（图20）。

图19　马铃薯黑痣病田间病株

图20　马铃薯黑痣病块茎被害状

发生特点

病害类型	真菌性病害
病　原	立枯丝核菌（*Rhizoctonia solani* Ktihn），属半知菌亚门无孢目丝核菌属（图21）
越冬场所	病菌以菌核在块茎上或土壤中越冬，或以菌丝体在土壤中病残体上越冬
传播途径	带菌土壤及种薯为基本传播途径
发病原因	种薯带菌，重茬地，排水不良，土壤湿度大、温度低发病重

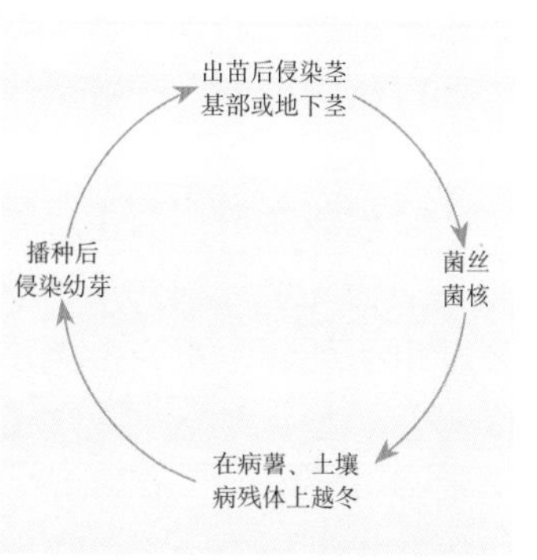

防治适期　主要以播种前的轮作和清除病残体为主，辅以必要的化学防治和生物防治。

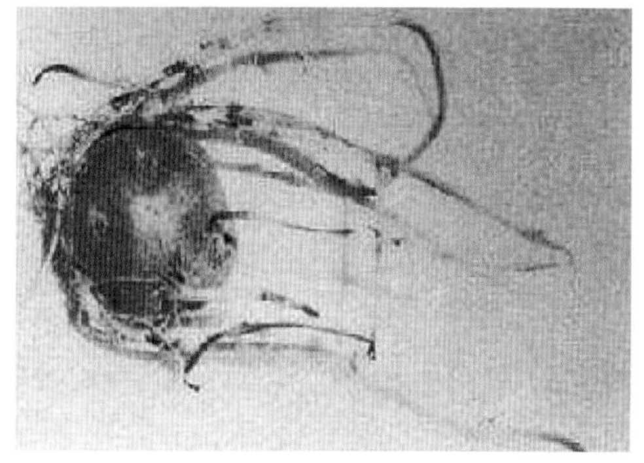

图21　立枯丝核菌菌丝

防治措施

1.农业防治　①由于菌核能在土壤中长期存活，可与小麦、玉米、大豆、多年生牧草等作物倒茬来降低土壤中的病菌数量，实行3年以上轮作，避免重茬。②田间管理应选择地势平坦，排灌便利的沙壤土地块，以降低土壤湿度。适时晚播和浅播，促进早出苗、快出苗，从而减少病菌的侵染。③一旦田间发现病株，应及时拔除，带出田间深埋，病穴内可撒生石灰消毒。

2.化学防治　为防种薯带病和土壤传染，播种薯块每100千克用有效成分30%噻呋·嘧菌酯悬浮种衣剂24～30克、8%氟环·咯菌腈种子处理悬浮剂2.7～6.3克或50%克菌丹可湿性粉剂50～60克稀释后拌种。

茎叶盛期喷洒药剂防治，常用的药剂和用量（有效成分）：可选用240克/升噻呋酰胺悬浮剂342～432克/公顷、60%氟胺·嘧菌酯水分散粒剂405～540克/公顷、45%噻呋·嘧菌酯悬浮剂168.75～202.5克/公顷、42.40%唑醚·氟酰胺悬浮剂135～225克/公顷、40%噻呋酰胺水分散粒剂240～480克/公顷进行垄沟喷雾。

易混淆病害 马铃薯黑痣病与马铃薯疮痂病，两者均可侵染块茎，症状容易混淆，两者区别在于：马铃薯黑痣病在块茎表面形成大小不一、形状不规则、坚硬、颗粒状的黑褐色或暗褐色凸起的菌核，而马铃薯疮痂病块茎表面生褐色病斑，病斑中央凹入，边缘凸起，表面粗糙，呈疮痂状。

马铃薯枯萎病

田间症状 马铃薯花期开始表现明显的外部症状。发病初期，下部叶片白天萎蔫，特别是在中午强光下更为明显，而在清晨和傍晚其萎蔫症状可恢复，几日后其萎蔫症状不再恢复（图22）。主茎被侵染出现黑色或棕色纵长的条形病斑，剖开病茎，维管束变褐（图23）。当湿度大时，病部常产生白色至粉红色霉层。

马铃薯枯萎病

图22　马铃薯枯萎病初期症状

图23　马铃薯枯萎病维管束变色

发生特点

病害类型	真菌性病害
病　原	尖孢镰孢菌（*Fusarium oxysporum*）、茄病镰孢菌（*F. solani*）、燕麦镰孢菌（*F. avenaceum*）、三线镰孢菌（*F. tricinctum*）、串珠镰孢菌（*F. moniliforme*）等多个种，属半知菌亚门瘤座孢目镰孢霉属（图24）
越冬场所	病菌以菌丝体或厚垣孢子在病薯上或随病残体在土壤中越冬
传播途径	土壤和种薯带菌是主要侵染来源，病菌孢子借气流、雨水、灌溉水传播，从伤口侵入
发病原因	土壤或种薯带菌率高，高温、干旱植株长势弱，重茬地、低洼地易发病

进入维管束，扩展至全株
菌丝体、分生孢子和厚垣孢子
在病薯、土壤病残体中越冬
从根梢或根部伤口侵入幼苗

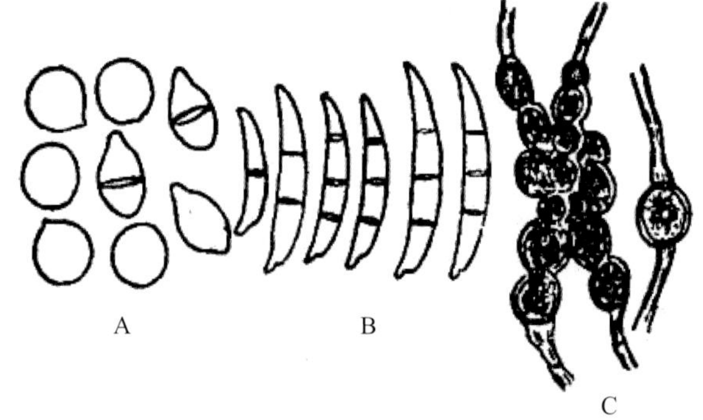

图24　镰孢菌的分生孢子和厚垣孢子

A.尖孢镰孢菌小型分生孢子　B.腐皮镰孢菌大型分生孢子　C.串珠镰孢菌厚垣孢子

防治适期　提前预防是关键，发现少量病苗时，应拔除病株，处理土壤，随水滴灌杀菌剂或用药液灌根处理。

防治措施

1. 农业防治　①建立无病种薯田，培育无病种薯，是防治马铃薯枯萎病的根本措施。②与禾本科作物进行4年以上轮作。③加强田间管理，清除田间病株及枯枝落叶能减少土壤菌源。④合理灌溉，减少土壤含水量，及时清沟排水，降低田间湿度，可减少病菌滋生和侵染。⑤可通过科学施肥、品种选择、配施改良剂等方式适当减轻连作地块该病的发生。⑥深翻结合地膜覆盖可以有效控制该病的发生。

2. 化学防治　由于马铃薯枯萎病是土传病害，病原菌对植株为系统性侵染，一旦发病使用药剂防治效果较差。因此，种薯处理尤为重要。每100千克种薯可选用有效成分25克/升咯菌腈悬浮种衣剂2.5～5克或70%敌磺钠可溶粉剂210克稀释后拌种。发病初期可用75%百菌清可湿性粉剂300倍液、47%春雪·王铜可湿性粉剂700倍液、36%甲基硫菌灵悬浮剂800～1 000倍液灌根，每株灌兑好的药液300～500毫升，每隔10天灌1次，连灌2～3次。

3. 生物防治　枯草芽孢杆菌混合有机肥、木霉菌能够有效控制枯萎病的发生，降低植株的发病率、病薯率，并且具有很好的增产作用。

易混淆病害　马铃薯枯萎病与马铃薯青枯病的症状容易混淆，可从以下几点加以区分：①马铃薯枯萎病病株自下而上逐次萎蔫，叶色逐渐由绿变淡，再变黄、变褐，最终枯死，症状变化过程比较慢，自开始显症至凋亡一般需要12～15天。马铃薯青枯病病株为全株急性型萎蔫，从上部顶端的幼叶、嫩梢和刚展开的嫩叶开始萎蔫，发病迅速，从显症至死亡仅需4～6天。②严重发生的马铃薯青枯病病茎中可挤压出白色黏液，而马铃薯枯萎病没有。

马铃薯癌肿病

马铃薯癌肿病是马铃薯生产中重要的检疫性病害，对马铃薯毁灭性极强，发病后，一般引起产量损失30%～40%，发病重的地块产量损失可达80%以上，甚至绝收。马铃薯植株生长期和薯块贮藏期均可发生。

田间症状　该病可为害块茎、花、叶及茎，主要为害植株地下部分。田间病株与健株外观上无太大差异，部分病株较健株高，分枝多，绿色期较健株长，但病株长出肿瘤或呈畸形。地下部被害后，在薯块芽眼及茎上长出不规则粗糙疏松突起呈花椰菜状肿瘤，初期为乳白色，后逐渐变为粉红至红褐色，最后变黑、腐烂，散发恶臭并有褐色黏液。植株茎基部感病后，在茎基部长出花椰菜状肿瘤。病薯在贮藏期可继续扩展为害，造成烂薯，使病薯变黑，发出恶臭，严重者可造成烂窖（图25、图26）。

图25　马铃薯癌肿病根部症状

图26　马铃薯癌肿病块茎症状

发生特点

病害类型	真菌性病害
病　原	内生集壶菌（*Synchytrium endobioticum*），属鞭毛菌亚门集壶菌属
越冬场所	病菌以休眠孢子囊在病组织内或随病残体遗落在土壤中越冬
传播途径	种薯调运是远距离传播的主要途径
发病原因	越冬土壤含菌量大，气温在12 ～ 24℃，土壤湿度高，气候冷凉，低温多湿，土壤酸性易发病

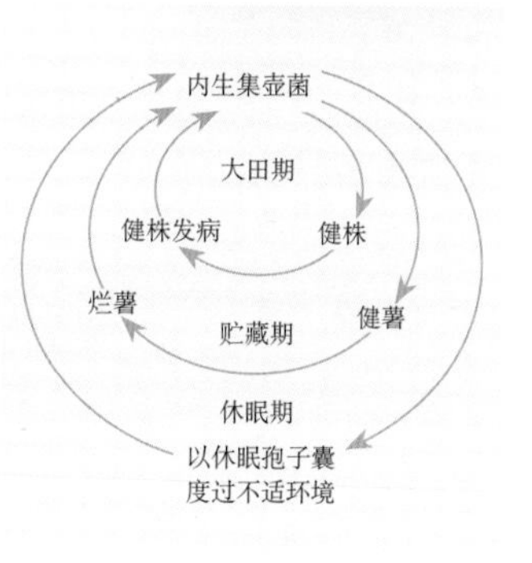

防治适期　病害发生初期。

防治措施

1. **植物检疫**　严禁从疫区调运种薯，疫区的土壤、植株等可能带疫情的材料亦禁止外运。

2. **农业防治**　①因地制宜，选择抗病品种进行种植。②发病比较严重的地区，可进行改种非茄科植物。③利用生石灰对土壤进行消毒处理。④强化栽培管理。施用充分腐熟的粪肥，增施磷、钾肥，适时中耕，避免田间积水，及时挖除田间病株，集中深埋或烧毁。

3. **化学防治**　在病害发生初期，及时施药防治。可喷施20%三唑酮乳油1 500 ～ 2 000倍液或72%霜脲锰锌可湿性粉剂600 ～ 800倍液。

马铃薯银腐病

田间症状 马铃薯银腐病是马铃薯贮藏期间重要病害，主要是造成薯块表面污损而降低马铃薯的食用价值和经济价值。该病在马铃薯的生长期就已开始侵染，收获时在块茎上可见到病斑，特别在潮湿时表现特别明显。病斑主要分布在茎基部的块茎上，块茎表面呈不规则的褪色斑，呈苍白色至棕色（图27），后逐渐扩大，严重时皱缩，病斑覆盖块茎表面大部分面积，病斑下面的组织是健康的，后期开裂失水，对块茎外观影响很大。

图27　马铃薯银腐病块茎症状

发生特点

病害类型	真菌性病害
病　原	茄长蠕孢（*Helminthosporium solani* Durieu& Mont.）
越冬场所	病菌在病残体中越冬
传播途径	病菌可通过土壤及带病种薯传播，贮藏中的病薯是主要的初侵染来源
发病原因	贮藏温度为4～5℃，相对湿度85%～95%的条件下，一旦病原菌存在即可发病。在起薯前浇水或连续降雨，或是土壤含菌量大、垡床土壤高湿易发病。另外，噻菌灵曾被广泛用于防治马铃薯很多土传、种传病害，但由于其抗性的产生，马铃薯银腐病发病率提高

防治适期 病害发生初期，尤其是贮藏第一天，病菌分生孢子萌芽最快，防止病害扩散很关键。

防治措施

1. 农业防治　①种植密度合理，合理灌溉，适时种植、收获。②新薯贮藏前将贮库清扫干净，并用硫黄粉熏蒸消毒；贮藏时剔除病、伤、虫咬的块茎，并在阴凉通风处堆放3天左右，降低薯块的湿度，保持贮库通风。

2. 化学防治　在贮藏前用80%代森锰锌可湿性粉剂500倍液处理块茎或生长期喷雾防治。

马铃薯白绢病

田间症状 马铃薯白绢病主要发生在我国南方，一般病株率达10% ~ 15%，可造成明显减产。贮藏期间发生，可造成薯块大量腐烂。该病主要为害块茎，有时也为害茎基部。薯块受侵染后，在病部密生绢丝状白色霉层，扩展后呈放射状，后期形成黄褐至棕褐色圆形粒状小菌核，剖开病薯，皮下组织变褐腐烂（图28）。茎基感病后，初期略呈水渍状，后在病部产生绢丝状白色霉层，后期形成紫黑色近圆形粒状小菌核，植株叶片变黄至枯死。

马铃薯白绢病

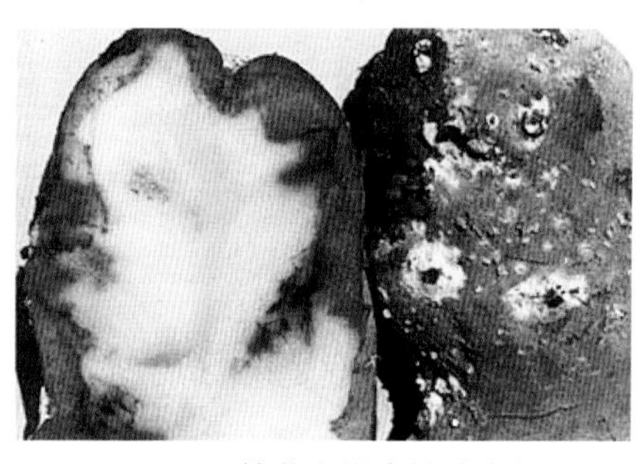
图28　马铃薯白绢病块茎症状

发生特点

病害类型	真菌性病害
病　原	齐整小核菌（*Sclerotium rolfsii* Sacc.），属半知菌亚门真菌。有性态为罗耳阿太菌[*Athelia rolfsii*（Cursi）Tu. & Kimbrough.]，属担子菌亚门真菌。此外，有报道罗耳伏革菌[*Corticium rolfsii*（Sacc.）Curzi]也是该病病原
越冬场所	病菌以菌核或菌丝遗留在土中或病残体上越冬
传播途径	田间主要通过雨水、灌溉水、土壤、病株残体、肥料及农事操作等传播蔓延
发病原因	垄床土壤高湿，株间湿度高，通风透光不良，连作

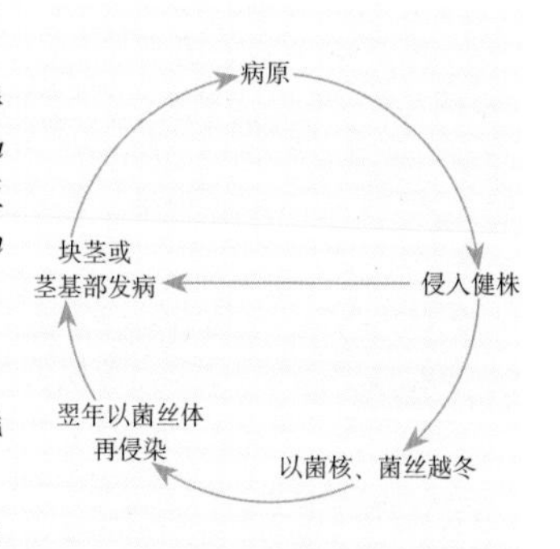

防治适期 病害发生初期。

防治措施

1. 农业防治　①与禾本科作物轮作或水旱轮作。②施用充分腐熟的有机肥，适当追施硫酸铵、硝酸钙。③调整土壤酸碱度，结合整地，每亩*施消石灰100 ~ 150千克，调节土壤呈中性至微碱性。

* 亩为非法定计量单位，1亩≈667米^2。——编者注

2. 化学防治 用70%甲基硫菌灵可湿性粉剂800倍液或20%三唑酮乳油2 000倍液，每隔7 ～ 10天喷施或灌穴1次。

马铃薯灰霉病

田间症状 马铃薯灰霉病是马铃薯生产及贮藏期间的病害之一，该病菌主要为害植株叶片、茎秆，也可为害块茎。叶片受害，先从叶尖或叶缘开始为害，呈V形向内扩展，病斑初呈水渍状，后变青褐色，湿度大时，在病斑上形成灰色霉层，后期病部碎裂、穿孔（图29）。茎秆受害后，产生条状褪绿斑，并产生大量霉层。贮藏期块茎感病后，薯块表皮皱缩，皮下萎蔫，变灰黑色，后呈褐色半湿状腐烂，在伤口或芽眼形成灰色霉层。也有部分病薯呈干燥性腐烂，凹陷变褐，但深度不超过1厘米。

图29 马铃薯灰霉病叶片症状

发生特点

病害类型	真菌性病害
病　原	灰葡萄孢（*Botrytis cinerea* Preson），属半知菌亚门真菌
越冬场所	病菌菌核在土壤中越冬，菌丝体及分生孢子可在病残体、土表、土壤内及种薯上越冬，成为来年初侵染源
传播途径	田间病菌分生孢子可随雨水、灌溉水、气流、昆虫和农事操作传播
发病原因	早春寒、晚秋冷凉、低温高湿条件下发病重，种植密度过大、重茬地、冷凉阴雨等条件下也利于侵染发病，贮藏期在低温高湿下也利于块茎发病

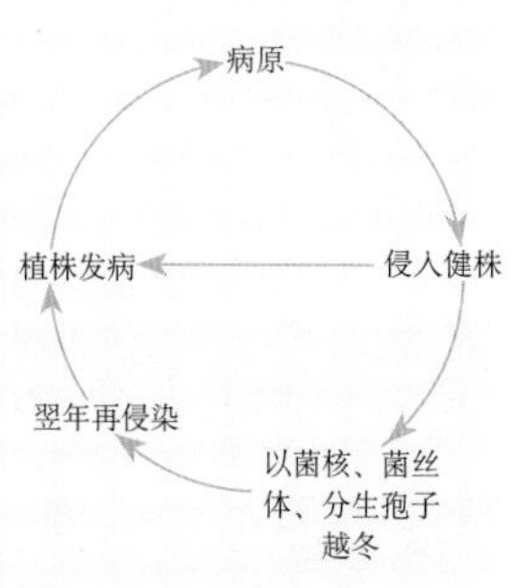

防治适期 病害发生初期。

防治措施

1. **农业防治** ①严格挑选种薯，尽量减少伤口。②实行粮薯轮作，高垄栽培，合理密植，增施钾肥，适当灌水，及时清除病残体。

2. **化学防治** 发病初期，用50%乙烯菌核利可湿性粉剂1 000倍液、40%多硫悬浮剂600倍液或75%百菌清可湿性粉剂600倍液喷雾防治。

马铃薯环腐病

田间症状 马铃薯环腐病是一种维管束病害，一般在现蕾期至开花盛期发生，地上和地下部分均可表现症状。受害植株生长迟缓，节间缩短，瘦弱，分枝减少，叶片变小。受害较晚的植株症状不明显，仅顶部叶片变小，不表现萎蔫。病株萎蔫症状一般在生长后期才显著，自下而上发展，首先下部叶片萎蔫下垂而枯死。部分叶片沿中脉向内卷曲，失水萎蔫，叶色灰绿，植株早枯，叶片不脱落。如切断茎秆，用手挤压，可见有乳白色黏液自维管束溢出（图30）。病薯经过贮藏后，薯皮变为褐色，病薯尾（脐）部皱缩凹陷，剖视内部，维管束环变黄褐色，环腐部分也有黄色菌脓溢出，块茎皮层与髓部易分离，外部表皮常出现龟裂，常致软腐病菌二次浸染，使块茎迅速腐烂（图31）。

图31　马铃薯环腐病块茎症状

图30　马铃薯环腐病叶片症状

发生特点

病害类型	细菌性病害
病　原	密执安棒杆菌马铃薯环腐致病变种或称环腐棒杆菌（*Clavihacter michiganense* subsp. *sepedonicum*），属厚壁菌门棒形杆菌属
越冬场所	病菌以在带菌种薯、病薯或病残体内越冬
传播途径	通过土壤、种子、雨水或昆虫传播
发病原因	种植带菌种薯；影响马铃薯环腐病流行的主要环境因素是温度，病薯发展最适土壤温度为19～23℃，超过31℃病害发展受到抑制，低于16℃症状出现推迟，一般温暖干燥的天气有利于病害发展；另外播种早则发病重，收获早则病薯率低

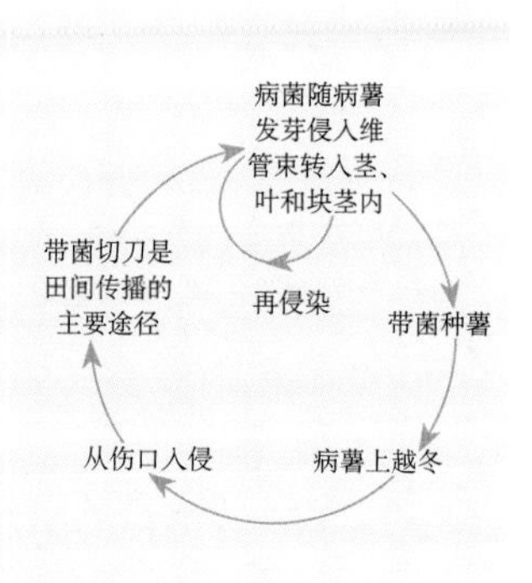

防治适期 控制带菌种薯是防治马铃薯环腐病的关键。

防治措施

1. 农业防治　①建立无病留种基地，繁育无病种薯。无病留种基地的建立可与种薯脱毒良繁体系相结合，从脱毒试管苗及原原种繁殖开始直到各级种薯的生产，每个环节严格控制环腐病的侵染，确保种薯无病；由于马铃薯环腐病病菌不侵入种子，可利用自交或杂交种子所育出的实生苗来获得无病种薯。②选择适当的地块。块茎在土壤湿度较大时易感染环腐病等细菌性病害而腐烂，所以应选择地势高、土壤疏松肥沃、土层深厚、易于排灌的沙质壤土地块种植马铃薯。③合理轮作。可与十字花科或禾本科作物实行3～4年以上的轮作能降低发病率，不与茄科作物轮作，以免病害加剧。④加强田间管理。及时铲耥，消灭田间杂草。⑤适时收获贮藏。北方较寒冷，到收获期及时收获，以防潮湿烂薯，贮库内要干爽通风、温度适宜。

2. 化学防治　①种薯如需切块，切刀可用0.1%高锰酸钾液等浸渍消毒，做到切一块消毒1次。②每100千克种薯也可用45%敌磺钠湿粉150克或70%敌磺钠可溶粉剂210克进行拌种，也可用36%甲基硫菌灵悬浮剂800倍液进行浸种处理，然后晾干播种。播种前用0.5%次氯酸钠、0.2%高锰酸钾或5%硫酸铜浸种薯15秒，防效均在80%以上。③发病初期可用88%水合霉素可溶性粉剂1 000倍液喷施，每隔7 ～ 10天喷1次，连喷2 ～ 3次；也可用50%琥胶肥酸铜可湿性粉剂500倍液或14%络氨铜水剂300倍液喷雾防治，并配合喷施新高脂膜800倍液增强药效，同时应及时清除病残体并集中烧毁，对全园喷施消毒药剂+新高脂膜800倍液进行消毒处理。

马铃薯软腐病

田间症状 马铃薯软腐病主要发生在块茎上，有时也发生在地上部分。植株被病菌侵染后，生长期近地面老叶先发病，病部呈不规则暗褐色病斑，湿度大时腐烂（图32）。病茎上部枝叶萎蔫下垂，叶变黄。薯块软化，薯肉呈灰白色，腐烂，有恶臭味。在贮藏或运输期间病菌从块茎伤口或皮孔侵入后，形成轻微、浅褐色、稍凹陷的病斑，病斑在潮湿温暖的条件下扩大变软，受害薯块呈水浸状，随后薯块组织崩解，髓部组织腐烂，病组织感染腐生菌后发出难闻的气味（图33）。

马铃薯软腐病

图32　马铃薯软腐病病株

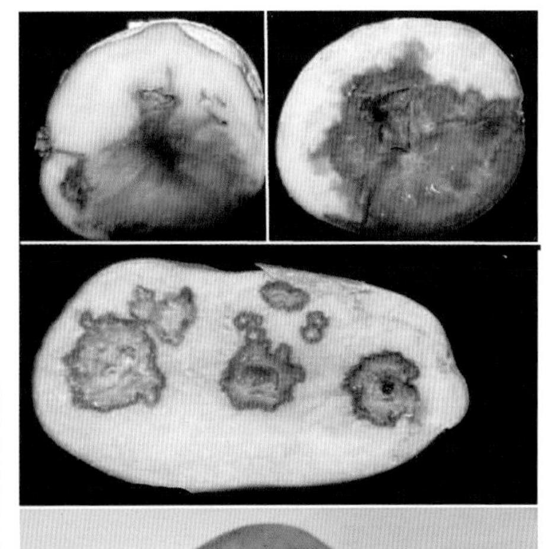
图33　马铃薯软腐病块茎症状

发生特点

病害类型	细菌性病害
病　原	主要有胡萝卜软腐果胶杆菌（*Pectobacterium carotovorum* subsp. *carotovorum*）（图34）、黑腐果胶杆菌（*P. atrosepticum*）和菊狄克氏菌（*Dickeya chrysanthemi*）
越冬场所	病菌以菌体在病薯上和土壤中越冬
传播途径	通过土壤、种子、雨水或昆虫传播
发病原因	种植带菌种薯，温度较高（土壤温度20 ~ 25℃最易感病），湿度较大、缺氧的条件下利于此病发生

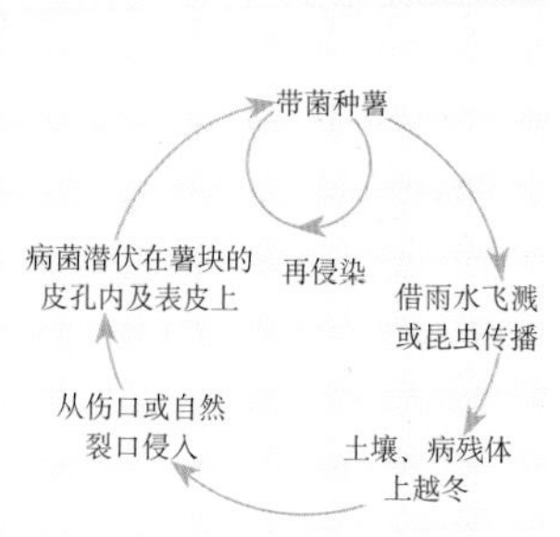

防治适期 防治马铃薯软腐病的基本策略应是预防发病。

防治措施

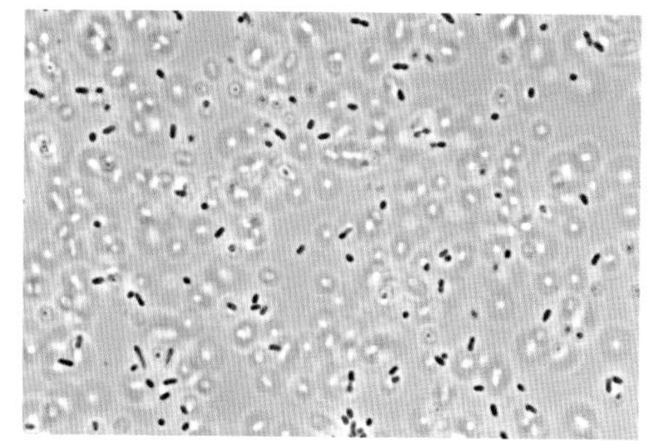

图34　胡萝卜软腐果胶杆菌

1. **农业防治**　①轮作。水旱轮作或与禾本科、豆科等非块根、块茎类作物轮作。②种植无病种薯，建立无病留种基地。③因地制宜选择综合抗病良种，是减少病害发生的关键措施。用健壮小整薯播种，避免切刀传病环节，减少病菌传播。④晴天收获。在收获前的5 ~ 7天不要浇水，收获时避免碰伤薯皮。外界气温稳定在0 ~ 2℃时再入窖。马铃薯贮藏期的适宜温度在2 ~ 5℃，贮窖注意通风降湿。⑤栽培管理。注意田间通风透光，降低田间湿度，及时拔除病株，并用石灰水消毒减少田间初侵染和再侵染；避免大水漫灌，提高植株抗性。

2. **化学防治**　①病害发生初期，用50%琥胶肥酸铜可湿性粉剂500倍液喷雾，每隔7 ~ 10天喷施1次，连喷2 ~ 3次。安全间隔期5 ~ 7天，在整个作物生长期最多使用4次，叶面喷洒药剂稀释倍数不得低于400倍；使用时药液浓度不得过大，否则易产生药害。②发病初期喷施或浇灌14%络氨铜水剂300倍液，每隔10天防治1次，连防2 ~ 3次。该药有明显的增产作用，安全间隔期为10天。作为碱性药剂，不得与一般酸性药剂或生长调节剂药物混用。叶面喷雾时，使用浓度不能高于400倍液，以免发生药害。③发病初期喷施77%氢氧化铜可湿性粉剂500倍液，喷施要全面，每隔7 ~ 10天喷施1次，连喷2 ~ 3次。该药对多种经济作物、果树、蔬菜、烟草的细菌性病害、真菌性病害均有良好的防治效果，安全间隔期5 ~ 7天。大棚内高温高湿条件下慎用。使用时避免与强碱、强酸物质、其他农药混用。该药对鱼类及水生生物有毒，避免药液污染水源。④发病初期均匀喷施20%噻菌酮悬浮剂400倍液，每隔7 ~ 10天喷施1次，连喷2 ~ 3次。该药对细菌性病害特效，对真菌性病害高效，对霉菌、粉菌引起的病害防治效果一般，安全间隔期7 ~ 10天。使用时，先用少量水将悬浮剂搅拌成浓液，然后加水稀释。不能与福美双及福美系列复配剂混用，不能与含有甲壳素的叶面肥混用，也不能与强碱性农药混用。

易混淆病害 马铃薯软腐病、青枯病、环腐病和黑胫病症状易混淆。其症状区别如下：①马铃薯软腐病。初呈水渍状，后薯块组织崩解，发出恶臭。②马铃薯青枯病。薯块染病后，芽眼呈灰褐色水渍状，并有脓液，切开薯块，挤压时溢出乳白色菌脓，但皮肉不从维管束处分离，严重时外皮龟裂，髓部溃烂如泥。③马铃薯环腐病。薯皮变为褐色，薯尾（脐）部皱缩凹陷，剖视内部，维管束环变黄褐色，环腐部分也有黄色菌脓溢出。④马铃薯黑胫病。病部黑褐色，横切可见维管束呈黑褐色，用手压挤皮肉不分离，湿度大时，薯块变为黑褐色，腐烂发臭。

马铃薯黑胫病

田间症状 该病菌以侵染茎或薯块为主，从苗期到生育后期均可发病。种薯染病后，病部黑褐色，自脐部呈放射状向髓部扩展，易腐烂，呈黏团状，不发芽或刚发芽即腐烂。幼苗染病，初期症状不明显，待株高15 ~ 18厘米时开始显症，具体表现为植株矮小、节间短缩，或叶片卷缩黄化，或茎基部变黑、萎蔫（图35、图36）。

08

马铃薯黑胫病

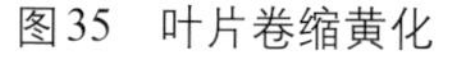
图35　叶片卷缩黄化

图36　马铃薯黑胫病茎基部症状

发生特点

病害类型	细菌性病害
病　原	胡萝卜软腐欧文氏菌马铃薯黑胫亚种（*Erwinia carotovora* subsp. *atroseptica*）
越冬场所	病菌在病薯上越冬
传播途径	通过土壤、种子、未腐熟的农家肥、雨水或灌溉水、农机具以及移栽传播
发病原因	种植带菌种薯，在田间土壤黏重、积水、秧苗郁蔽、通透性不良、连作地块发病重，种薯切块堆放在一起，贮藏窖内通风不好或湿度大、温度高易发病

茎部发病
再侵染
借雨水飞溅或灌溉水传播
土壤、病薯上越冬
从伤口或茎基部侵入
经维管束或髓部进入植株

防治适期 选用无病菌种薯是防治该病的关键。发现病株应及时全株拔除，集中销毁，在病穴及周边撒少许熟石灰。后期病株要连同薯块提前收获，避免同健壮植株同时收获，防止薯块之间病害传播。对留种田最好细心摘除病株，以减少菌源。

防治措施

1. 农业防治　①因地制宜，选择抗病品种，选择无病种薯、小整薯播种，建立无病留种田。②催芽晒种，淘汰病薯。播前25天左右，挖深0.5米、宽1.0～1.3米、长度根据种薯数量而定的土沟，沟底铺草厚

10.0 ～ 13.3厘米，上堆种薯3 ～ 4层，覆盖塑料薄膜，保持在17 ～ 25℃下催芽7天左右，当幼芽有火柴头大小时，白天揭膜晒种，夜间盖草帘防冻，可切脐部检查，淘汰病薯。③选择地势高、排水良好的地块种植，种薯切块后用草木灰拌种播种，进行农事操作时，避免损伤种薯。④适时早播，促使早出苗。⑤及时拔除田间病株，减少菌源。

2. 化学防治 马铃薯黑胫病一般用化学药剂较难防治。在播种时可选用72%农用链霉素可湿性粉剂进行拌种，每100千克种薯所用剂量为10克；用1%次氯酸钠和1%苯甲酸浸种5分钟；在发病初期用25%络氨铜水剂600倍液灌根；72%农用硫酸链霉素可溶性粉剂1 000倍液加60%百菌通可湿性粉剂500倍液随水冲施；在叶面喷施0.1%硫酸铜溶液等铜制剂可显著减轻马铃薯黑胫病的发生程度。

马铃薯青枯病

马铃薯青枯病又名细菌性青枯病，是一种典型的维管束病害，是马铃薯病害中仅次于马铃薯晚疫病的重要病害，分布范围广，一旦发病，可引起马铃薯产量大幅度减产，可减产80%以上，对马铃薯生产影响较大。

田间症状 叶部受害后，病株较矮，开始只有部分主茎上叶片变浅或苍绿，从下部叶片开始后全株萎蔫（图37），发病初期早晚可恢复，持续4 ～ 5天后，全株茎叶全部萎蔫死亡，但仍保持青绿色，叶脉褐变，病株叶片一般不脱落（典型症状）（图38）。茎部发病出现褐色条纹，纵剖病茎

图37　马铃薯青枯病病株

图38　马铃薯青枯病叶部症状

可见维管束有暗褐色至黑色线条，横剖可见维管束变褐，用手挤压有乳白色黏液从切口溢出（图39）。病菌从匍匐茎侵入块茎，轻的不明显，重的脐部呈灰褐色水渍状，切开薯块，维管束圈变褐，挤压时溢出白色黏液，但皮肉不从维管束处分离，严重时外皮龟裂，髓部溃烂如泥（图40）。有些薯块、芽眼被侵害不能发芽，全部腐烂。

图39　茎秆切口处流出白色黏液

图40　马铃薯青枯病引起块茎腐烂

发生特点

病害类型	细菌性病害
病　原	茄科雷尔氏菌（*Ralstonia solanacearum*），属薄壁菌门劳尔氏菌属
越冬场所	病菌以菌体在病残体上越冬，也可在土壤中长期存活
传播途径	通过土壤、种子、未腐熟的农家肥、雨水或灌溉水、农机具以及移栽传播
发病原因	高温、高湿、多雨是诱使青枯病发生和流行的主要因素，尤其是雨后转晴，太阳暴晒，最有利于青枯病流行，连作地、低洼地、土壤偏酸也易发病

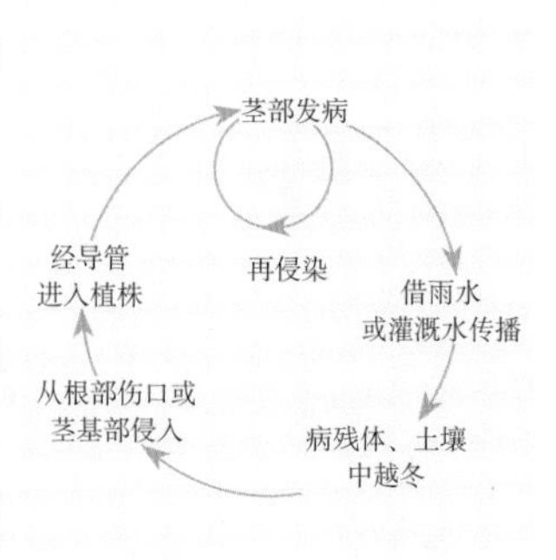

防治适期

选用抗病品种，预防为主。

防治措施

1. 农业防治　①轮作。与十字花科或禾本科作物轮作，最好与禾本科进行水旱轮作。②选用抗病品种是最经济、最有效的措施。③选择干燥、地势高、排水良好的地块种植，避免大水漫灌。④及时拔除病株，并用生石灰消毒。⑤在收获马铃薯时，应在收获之前7天杀秧，把茎叶全部清出田地，集中处理。⑥选择晴天收获马铃薯，预防其表皮受伤。⑦马铃薯入窖之前要及时将有伤口、患病的薯块剔除，并在通风阴凉的地方堆放3天，用硫黄消毒贮窖之后贮存，贮存场地的马铃薯量不得超过窖藏总量的2/3。贮藏好马铃薯之后要加强通风，温度不能低于4℃。

2. 化学防治 ①应选用无病种薯，用甲醛200倍液浸泡1.5 ～ 2小时，取出用清水冲洗后播种。对种薯切块时，切刀要用75%酒精浸泡消毒；在马铃薯播种环节可选择0.5%福尔马林，将马铃薯种子浸泡20分钟，晒干之后再行播种，或选用72%农用链霉素可湿性粉剂进行拌种。②发现病株立即拔除烧毁，用药剂进行灌根。可选用72%硫酸链霉素可溶性粉剂500倍液、新植霉素3 000倍液、25%络氨铜水剂500倍液、77%氢氧化铜可湿性粉剂400 ～ 500倍液、12%松脂酸铜乳油600倍液、47%春雷·王铜可湿性粉剂700倍液、30%琥胶肥酸铜悬浮乳液500 ～ 600倍液、50%琥铜·乙膦铝可湿性粉剂400倍液、70%甲霜·铝·铜可湿性粉剂250倍液、20%叶枯唑可湿性粉剂1 000倍液、65%代森锌可湿性粉剂1 000倍液、70%甲基硫菌灵可湿性粉剂500倍液、50%代森锰锌可湿性粉剂500倍液、50%消菌灵可湿性粉剂600倍液等灌根，每株灌兑好的药液0.3 ～ 0.5升，每隔10天1次，连灌2 ～ 3次。③发病初期也可用3%噻霉酮可湿性粉剂1 000倍液进行喷雾。

马铃薯疮痂病

马铃薯疮痂病是马铃薯生产中常见的土传和种传病害，该病广泛存在于世界各马铃薯种植区。

09
马铃薯疮痂病

田间症状 该病主要为害马铃薯块茎和匍匐茎。块茎受害后，表面出现近圆形至不规则形木栓化疮痂状淡褐色病斑或斑块，手摸质感粗糙（图41）。有研究人员将马铃薯疮痂病症状分为块茎表皮粗糙、普通疮痂、块茎表皮组织凹陷及块茎表皮凸起4种类型。匍匐茎也可

受害，块茎上多呈近圆形或圆形的病斑。被害薯块质量和产量降低，且不耐贮藏，降低商品品质，造成经济损失。

图41　马铃薯疮痂病块茎症状

发生特点

病害类型	细菌性病害
病　原	链霉菌（*Streptomyces* sp.），属放线菌门链霉菌属
越冬场所	病菌主要在土壤、病薯及病残体上越冬
传播途径	通过土壤、种子、未腐熟的农家肥、雨水或灌溉水、农机具以及移栽传播
发病原因	越冬土壤含菌量大、种植于中性或微碱性沙壤土中、高湿低温、营养失衡、地下害虫为害易发病

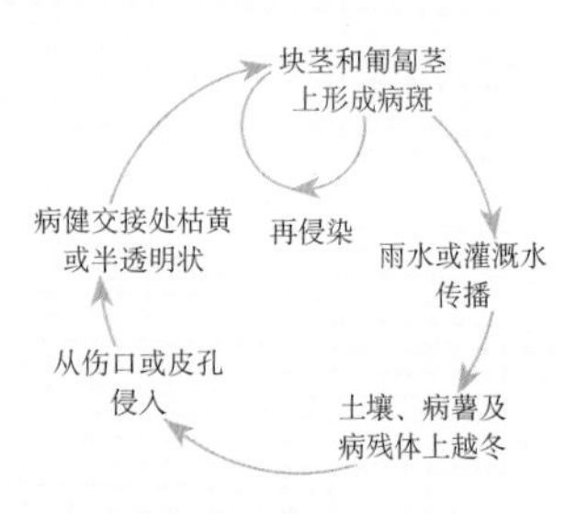

防治适期 因地制宜种植抗病品种是降低马铃薯疮痂病发生的最经济有效途径，可选择褐色、红皮、厚皮等抗病品种。提倡整薯播种，避免病菌从伤口侵入。

防治措施

1. 农业防治　①合理轮作，轮作时应避开茄科作物，可与谷类作物、豆科、百合科和葫芦科作物等进行3 ～ 5年轮作。②秋收之后进行整地，深翻必须达到35厘米以上，能有效抑制马铃薯疮痂病病菌进行越冬。

2. 化学防治　①浸种。播种前，用0.2% 福尔马林溶液浸种2小时，或选用40%福尔马林200倍液浸种4分钟，晾干后播种。②撒施或沟施。每亩用75%敌克松可湿性粉剂3.5千克左右拌细土进行撒施或沟施。③喷施。可用65%代森锰锌可湿性粉剂1 000倍液或72%农用硫酸链霉素2 000倍液进行喷洒，每7 ～ 10天喷1次，连续喷2 ～ 3次。

易混淆病害 马铃薯粉痂病与马铃薯疮痂病易混淆。

①马铃薯粉痂病主要为害块茎及根部。块茎发病初期在表皮上出现针头大的褐色小斑，有半透明晕圈，后小斑逐渐隆起、膨大，成为大小不等的“疱斑”，随病情的发展，“疱斑”表皮破裂、反卷，皮下组织呈现橘红色，散出大量深褐色粉状物；根部发病，于根的一侧长出豆粒大小单生或聚生的瘤状物。②马铃薯疮痂病主要为害块茎，块茎染病先在表皮产生浅棕褐色的小突起，逐渐扩大，木栓化，表面粗糙，后期在病斑表面形成凸起或凹陷型疮痂状硬斑块。病斑仅限于表皮，不深入薯内。

马铃薯卷叶病

田间症状 病害发生初期主要表现为病株顶部的幼嫩叶片直立变黄，小叶沿中脉向上卷曲，小叶基部着有紫红色。二次侵染的植株病状较为严重，一般在马铃薯现蕾期以后，病株叶片由下部至上部沿叶片中脉或自边缘向内卷曲翻转，呈匙状，叶片变硬、变脆，呈革质化，叶背有时出现紫红色，上部叶片褪绿，重者全株叶片卷曲，整个植株直立矮化（图42）。块茎变瘦小，薯肉呈现锈色网纹斑（图43）。初侵染病株减产程度小于继发性侵染病株。

图42　叶片卷曲，植株矮化

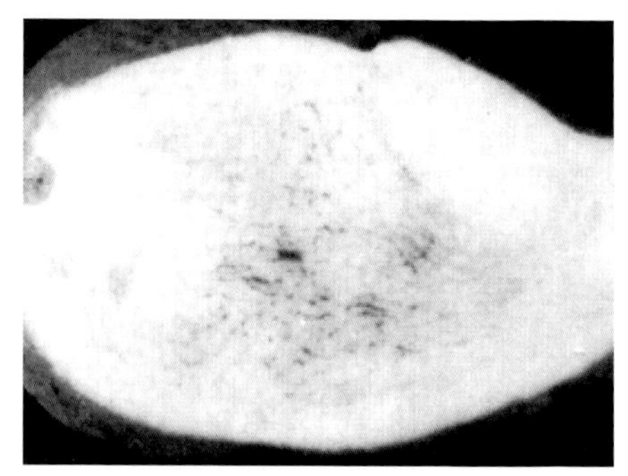

图43　块茎内部网状坏死
（引自苏格兰农渔服务部资料）

发生特点

病害类型	病毒性病害
病　原	马铃薯卷叶病毒（*Potato leaf roll virus*，PLRV）属马铃薯黄症病毒科马铃薯卷叶病毒属（图44）
越冬场所	通过田间寄主杂草或马铃薯块茎越冬
传播途径	在自然条件下，带毒马铃薯块茎是病害长距离传播形成新的侵染点的主要途径，短距离传播主要通过带毒介体昆虫传播危害。PLRV以蚜虫为传毒介体昆虫，田间最有效的传毒媒介是桃蚜
发病原因	该病的发生与种薯带毒率、传毒昆虫介体种群密度、温度、降水量、日照、相对湿度、田间栽培管理措施、品种抗病性等因素相关

带毒多年生寄主杂草
病毒越冬
带毒种薯
蚜虫等介体昆虫传毒
病苗发病中心
蚜虫等介体昆虫传毒
田间病害流行
蚜虫等介体昆虫传毒

防治适期　选用脱毒种薯，适期早播，提前预防是关键。发现病株应及时拔除，在传毒介体蚜虫发生前期及时喷施防虫及抑制病毒发展的药剂，尽量将传毒介体种群密度控制在较低的水平。

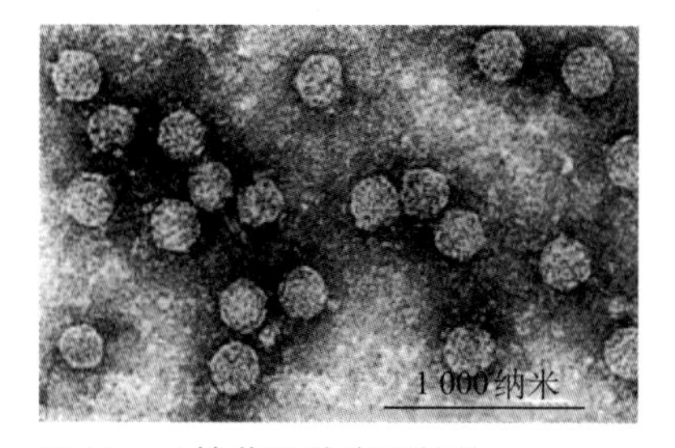

图44　马铃薯卷叶病毒粒体
（引自I. M. Roberts）

防治措施

1.推行种薯认证制度　马铃薯种薯认证可在病毒病控制方面发挥核心作用，也是目前控制马铃薯病毒传播的最有效的途径之一。种薯认证程序是指国家（或地方政府）制定的由相关的检验检疫部门管理实施，以保证马铃薯种薯的健康和纯度，并对生产用种进行规范的法律程序。我国的马铃薯种薯认证工作还刚刚起步，迫切需要在各区域成立专业的种薯质量检测机构，完善相关的法律法规文件，逐步建立适合于我国的马铃薯种薯质量认证体系。

2.培育和种植无毒种薯　推广应用脱毒技术培育脱毒马铃薯种苗。

建立无毒留种田，留种田需远离茄科菜地。品种基地应建立在冷凉地区，繁殖无病毒或未退化的良种，或采用低温方式留种，同时通过各种检测方法淘汰病薯，进一步减少种薯带毒率。针对病毒传播的途径，特别是蚜虫传毒的特点，马铃薯种薯生产上应采取防蚜、避蚜措施。可借鉴我国不同种植区的留种经验，如北方一季作区采取夏播留种、中原二季作区实行阳畦和春薯早收留种与秋播、南方实行高山留种和三季薯留种等。此外也可参照荷兰、加拿大等国建立出口种薯种植基地的做法，把种薯生产基地设在蚜虫少的高山或冷凉地区，或有翅蚜不易降落的海岛，或以森林为天然屏障的隔离地带等，由于防止了蚜虫传毒，可取得良好的保种效果。

3.选取具有一定抗性或耐病的品种 表现抗马铃薯卷叶病毒的品种有中薯2号、中薯3号、中心24、克新1号、克新3号、费乌瑞它、疫不加、疫畏他、内薯7号、大西洋、火玛等。

4.适期早播 避开高温期结薯，同时错开苗期与蚜虫盛发期相遇，减少蚜虫传毒。

5.改进栽培措施 ①加强肥水管理，促进植株长势和抗病性。②及早拔除病株，在苗高10～20厘米、现蕾期、开花期各拔除病株1次。③实行精耕细作，高垄栽培，及时培土。④施肥应以充分腐熟的有机肥为主，适当增施磷、钾肥，避免偏施过施氮肥，以防茎叶徒长而延迟结薯和植株成龄抗性的形成。⑤注意中耕除草；控制秋水，严防大水漫灌。

6.加强早期防蚜，降低蚜虫密度 马铃薯卷叶病传播途径主要是靠蚜虫传播，因此防病的同时要治虫。防治蚜虫的药剂可选用50%氟啶虫胺腈水分散粒剂8 000倍液、10%溴氰虫酰胺可分散油悬浮剂2 000倍液、10%烯啶虫胺水剂4 000～5 000倍液、20%烯啶虫胺可湿性粉剂1 500倍液、1.8%阿维菌素乳油3 000倍液、25%噻虫嗪可湿性粉剂、10%吡虫啉可湿性粉剂2 500倍液、3%啶虫脒可湿性粉剂3 000倍液。从蚜虫出现开始，每隔7～10天喷施1次灭蚜药剂，各种农药交替喷施。

7.适期用药抑制病毒侵染 ①发病前可采用6%寡糖·链蛋白1 000倍液、0.5%菇类蛋白多糖水剂300倍液、2%氨基寡糖素300～400倍液等诱抗剂。②采用喷雾、灌根、浸种、拌种等方式用药以诱导并增强植株抗

性；发病初期喷药防病，可选用6%寡糖·链蛋白1 000倍液、0.5%菇类蛋白多糖水剂300倍液、2%氨基寡糖素300 ~ 400倍液、32%核苷·溴·吗啉胍水剂600倍液、20%病毒A可湿性粉剂500倍液、15%病毒必克可湿性粉剂500倍液、10%菌毒清水剂300倍液、1.5%植病灵Ⅱ号乳剂1 000倍液等抗病毒农药喷雾防治。

马铃薯帚顶病毒病

田间症状 该病可为害马铃薯块茎，造成表皮轻微隆起，产生环状坏死或弧状坏死（图45），有初生症状和次生症状之分。由病薯长成的马铃薯植株在大田可表现出帚顶、奥古巴花叶和褪绿V形纹等症状。①帚顶。症状表现为节间缩短，叶片簇生，一些小的叶片具波状边缘，最后造成植株矮化、束生（图46）。②奥古巴花叶。即植株基部叶片表现出不规则的黄色斑块、环纹和线状纹，但植株不矮缩[图47（上）、图48]。③褪绿V形纹。常发生于植株的上部叶片，这种症状不常出现，也不明显，只出现在一些敏感的品种上[图47（下）]。

马铃薯病毒病

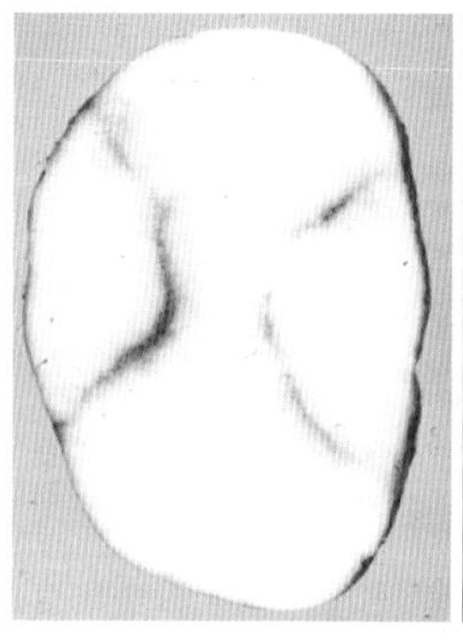
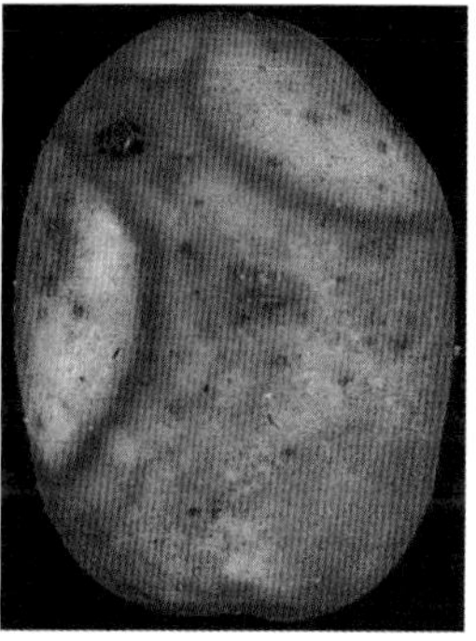

图45　块茎内部坏死症状
（引自苏格兰作物研究所）

图46　帚顶症状

图47　叶片黄化斑驳（上）和褪绿V形纹（下）症状
（引自苏格兰作物研究所）

图48　马铃薯帚顶病毒病叶部出现环纹

发生特点

病害类型	病毒性病害
病　原	主要为马铃薯帚顶病毒（*Potato mop-top virus*，PMTV）（图49）
越冬场所	可通过带毒种薯越冬，也可通过携带该病毒的粉痂菌休眠孢子球在寄主马铃薯的块茎、茎及根部越冬，侵染力至少能够保存10～12年
传播途径	种薯调运可实现远距离传播，短距离传播主要通过带毒粉痂菌或汁液传播完成
发病原因	种薯带毒、种植地块土壤中含有带毒粉痂菌菌源以及冷凉气候条件利于该病发生

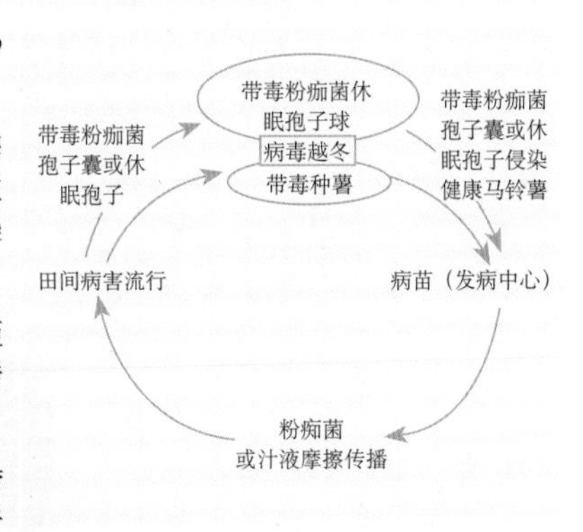

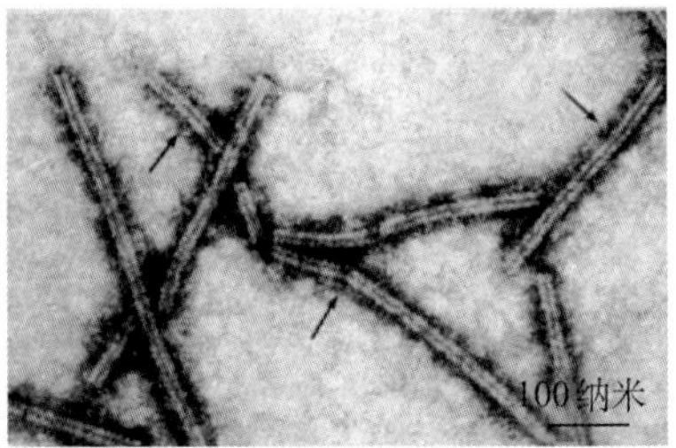

图49　马铃薯帚顶病毒（PMTV）粒体
（引自I.M.Roberts & B. D. Harrison）

防治适期 选用脱毒并且无粉痂菌侵染的种薯，适期早播。针对传播媒介马铃薯粉痂菌于播种时即采取药剂浸种及药剂沟施土壤处理，尤其是块茎形成期药剂灌根处理以降低粉痂菌发生程度，从而一定程度减轻PMTV侵染发病率。

防治措施

1. 推行种薯认证制度 严格避免携带PMTV和粉痂菌的种薯外运、上市、作种种植。相关原则和方法可参照马铃薯卷叶病的相关防治措施执行。

2. 培育和种植无毒无病种薯 推广应用脱毒技术培育脱毒马铃薯种苗。建立无毒无病留种田，留种田需远离茄科菜地。品种基地应避免选择在适宜传播媒介粉痂菌发生的种植区。繁殖无病毒或未退化的良种，同时通过各种检测方法淘汰病薯，进一步减少种薯带毒带菌率。

3. 改进栽培措施，加强肥水管理，促进植株长势和抗病性 避免选择在12 ~ 18℃中温、高湿、酸性土壤这样马铃薯粉痂病易发生的田块种植马铃薯。其他栽培管理措施参照马铃薯卷叶病的相关防治措施执行。

4. 选种对于PMTV和马铃薯粉痂病具有一定抗性或耐病的品种 选用抗PMTV的优良品种是防治该病最经济有效的途径，但目前抗PMTV的品种尚比较缺乏。PMTV本身由感病植株传播到健康植株上的能力比较弱，病毒传播主要依赖粉痂菌。若田间存在PMTV初侵染源的前提下，则对马铃薯粉痂病具有较强抗病性甚至免疫的品种PMTV发病可能较轻。

5. 加强马铃薯粉痂病防治 粉痂菌作为PMTV的传播媒介，对于PMTV的传播起着关键性的作用，因此需加强对马铃薯粉痂病的防治以控制PMTV为害蔓延。可采用50%氟啶胺悬浮剂120倍液浸种+3升/公顷沟施+4.5升/公顷块茎形成期灌根。

6. 适期用药抑制病毒侵染 相关原则和方法可参照马铃薯卷叶病的相关防治措施执行。

易混淆病害 PMTV诱导马铃薯块茎产生的粉状结痂症状与线虫传播的烟草脆裂病毒（TRV）及马铃薯Y病毒块茎坏死株系（PVYNTN）诱导的块茎坏死症状相似，很难区分。大田生长的植株早期下部叶片表现为奥古巴花叶，后期易于出现褪绿V形纹症状，这些症状容易与紫花苜蓿花叶病毒（*Alfalfa mosaic virus*，AMV）和马铃薯桃叶珊瑚花叶病毒（*Potato aucuba mosaic virus*，PAMV）相混淆。该病毒引起的块茎坏死症状及其植株症状易与其他常见的马铃薯病毒病PVY和TRV相混淆，其次，由于PMTV通过粉痂菌传播，容易将PMTV诱导的症状当成是马铃薯粉痂病的病症。

马铃薯轻花叶病

田间症状 在多数马铃薯品种上引起花叶，斑驳，叶脉凹陷、叶面粗缩、叶脉上或脉间呈现不规则的浅色斑（图50），暗色部分比健叶颜色深，叶缘皱褶呈波状，病叶变黄，早期脱落，块茎瘦小。有的品种只表现轻花叶状或叶脉坏死症。病株的茎枝向外弯曲，常呈开散状的株型。初次侵染和次生侵染没有明显差异，有时可引起中度褪绿。其中，黄或灰绿的不规则区域与深绿区域交织。斑驳区域形状不同，位于脉上和脉间。叶片经常发亮，并有波状区，在日照充分的季节其症状不如在冷凉气候下明显，有时甚至完全隐症。该病毒在田间的症状不明显，在天气炎热、干旱的季节很难识别。

发生特点

病害类型	病毒性病害
病　原	主要为马铃薯A病毒（*Potato virus* A，PVA），属马铃薯Y病毒科马铃薯Y病毒属（*Potyvirus*）（图51）
越冬场所	该病毒一般在寄主活体上越冬，可通过带毒种薯或野生杂草寄主越冬。在气候温和地区，PVA病毒在木本植物（如桃树）上越冬，在非木本植物上越夏
传播途径	种薯调运可将病毒作远距离传播，短距离传播主要通过带毒介体昆虫和汁液传播危害。桃蚜（*Myzus persicae*）是最主要的传毒昆虫介体
发病原因	该病的发生与种薯带毒率、传毒昆虫介体种群密度、温度、湿度、田间栽培管理措施、品种抗病性等因素相关。高温特别是土温高、大于25℃，既有利于传毒蚜虫的繁殖和传毒活动，又会降低薯块的生活力，从而削弱了对病毒的抵抗力，往往容易感病，引起种薯退化

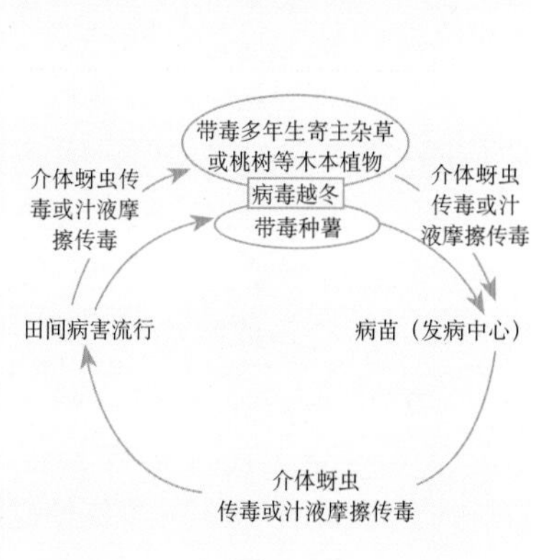

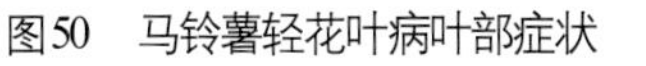
图50　马铃薯轻花叶病叶部症状

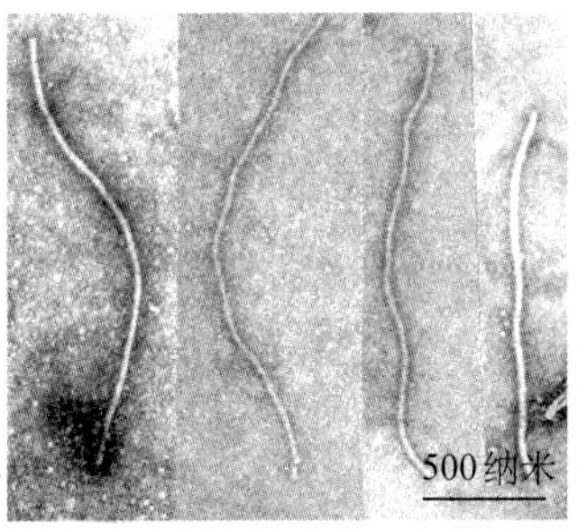

图51　马铃薯A病毒（PVA）粒体
（引自D. Lesemann）

防治适期 选用脱毒种薯，适期早播，提前预防是关键。发现病株应及时拔除，在传毒介体蚜虫发生前期及时喷施防虫及抑制病毒发展的药剂，尽量将传毒介体种群密度控制在较低的水平。

防治措施 参照马铃薯卷叶病的相关防治措施执行。选种具有一定抗性或耐病的品种，如948-A、948K、西北果、巫峡、卡他丁等品种。

马铃薯副皱花叶病

田间症状 病毒株系和品种不同，感病症状有一定差异。被强株系侵染后，马铃薯幼苗期小叶表面带有油脂状光泽，同时小叶迅速开始向下卷曲，叶背出现条斑坏死，随着马铃薯生长发育，产生明显花叶，叶片严重变形，全株叶片均向下卷曲，下部叶片出现不规则的坏死斑点，并很快黄化至干枯，枯叶下垂现象似PVY引起的垂叶坏死症，病株严重萎缩矮化，其株高只相当于健株的1/3，PVM的弱株系侵染马铃薯后，常引起病株小叶脉间花叶，小叶尖端稍扭曲，叶缘呈波状，病株顶叶有些卷叶（图52）。

图52　马铃薯副皱花叶病症状

发生特点

病害类型	病毒性病害
病　原	马铃薯M病毒（*Potato virus* M，PVM），属β线形病毒科麝香石竹潜隐病毒属（*Carlavirus*）（图53）
越冬场所	该病毒可通过带毒马铃薯块茎或野生杂草寄主越冬
传播途径	PVM的远距离传播主要是通过带毒种薯调运完成，近距离传播则主要通过蚜虫、汁液摩擦或嫁接传播完成。传毒介体蚜虫以桃蚜传毒效率较高，其他传毒介体蚜虫种类还包括药炭鼠李蚜（*Aphis frangulae*）、鼠李马铃薯蚜（*Aphis nasturtii*）、马铃薯长管蚜（*Macrosiphum euphorbiae*）等，全部为非持久性传毒
发病原因	田间栽培管理措施不到位，偏施氮肥导致茎叶徒长，植株抗病性弱易发病；高温、干旱有利于传毒介体蚜虫的繁殖、迁飞，从而为病毒的传播创造有利条件

带毒多年生寄主杂草
病毒越冬
带毒种薯
桃蚜、炭鼠李蚜、鼠李马铃薯蚜、马铃薯长管蚜等介体蚜虫传毒
病苗发病中心
桃蚜、炭鼠李蚜、鼠李马铃薯蚜、马铃薯长管蚜等介体蚜虫传毒或汁液摩擦传毒
田间病害流行
桃蚜、炭鼠李蚜、鼠李马铃薯蚜、马铃薯长管蚜等介体蚜虫传毒

防治适期 选用脱毒种薯，适期早播，提前预防是关键。发现病株应及时拔除，在传毒介体蚜虫发生前期及时喷施防虫及抑制病毒发展的药剂，尽量将传毒介体种群密度控制在较低的水平。

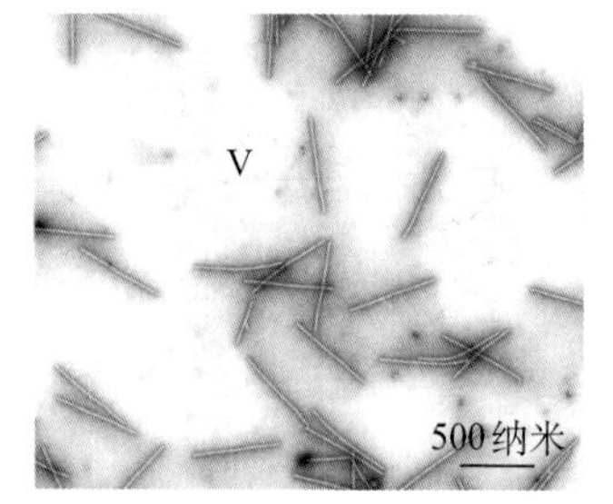

图53　马铃薯M病毒（PVM）粒体
（引自Ismail Bin）

防治措施

参照马铃薯卷叶病的相关防治措施执行。选具有一定抗PVM病或耐病的品种，如鲁马1号、克新4号、丰收白。

马铃薯潜隐花叶病

田间症状 马铃薯潜隐花叶病感病植株的典型症状是叶脉下凹，叶片粗缩，叶尖微向下弯曲，叶色变浅，轻度垂叶，植株呈开散状。但因马

铃薯品种的抗（耐）病性不同，病株症状有些差别。具有一定抗（耐）病性的品种感病后，病株叶片常产生轻度斑驳花叶和轻微皱缩；抗（耐）病性较弱的品种感病后，病株生育后期叶片着有青铜色，严重皱缩，花叶明显，叶片表面上产生细小坏死斑点，老叶片不均匀地变黄，常有绿色或青铜色斑点。抗（耐）病性强的品种感病后没有明显症状，只有与健株相比较才能观察出症状，如有的病株较健株开花少。马铃薯潜隐花叶病单独侵染马铃薯时引起的症状并不明显，但是与其他马铃薯病毒共同侵染时，会产生明显花叶或皱缩等症状。如该病毒单独侵染马铃薯只引起轻微花叶，但是与PVX、PVY、PVM等病毒混合侵染时，可引起重度花叶。

发生特点

病害类型	病毒性病害
病　原	马铃薯S病毒（*Potato virus* S，PVS），属β线形病毒科扇香石竹潜隐病毒属（图54）
越冬场所	该病毒可通过带毒马铃薯块茎及野生寄主杂草越冬
传播途径	PVS的远距离传播主要是通过带毒种薯调运完成，近距离传播则主要通过蚜虫、汁液摩擦或嫁接传播完成。其传毒介体蚜虫主要为桃蚜、禾谷缢管蚜（*Rhopalosiphum padi*）、甜菜蚜（*Aphis fabae*）、鼠李马铃薯蚜等蚜虫，上述传毒介体蚜虫以非持久性方式传播病毒。此外PVS不能通过实生籽传播
发病原因	田间栽培管理措施不到位，偏施氮肥导致茎叶徒长、植株抗病性弱；气候高温、干旱有利于传毒介体蚜虫的繁殖、迁飞，从而为病毒的传播创造有利条件

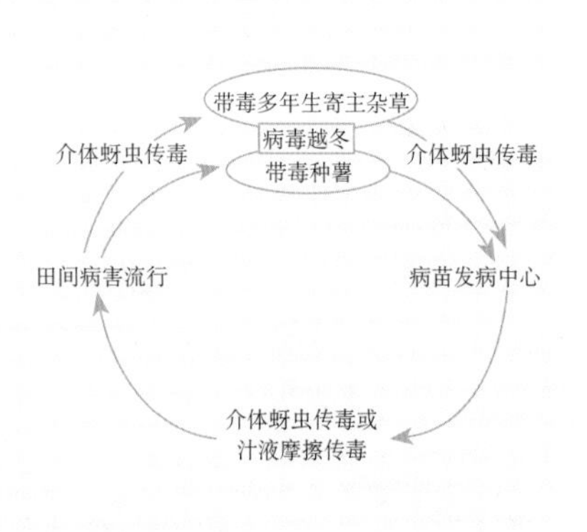

防治适期 选用脱毒种薯，适期早播，提前预防是关键。发现病株应及时拔除，在传毒介体蚜虫发生前期及时喷施防虫及抑制毒发展的药剂，尽量将传毒介体种群密度控制在较低的水平。

防治措施

可参照马铃薯卷叶病的相关防治措施执行。种植或培育抗（耐）病的品种，如来自国外的高抗品种Saco即对PVS表现高抗。而对PVS具有过敏抗性来自于玻利维亚的*S.andigena*无性系PI258907，另外一些马铃薯野生种*S. berthaultii*、*S. lacissimum*、*S. brevicaule*、*S. mglia*、*S. stoloniferum*可作为抗PVS品种的育种材料。

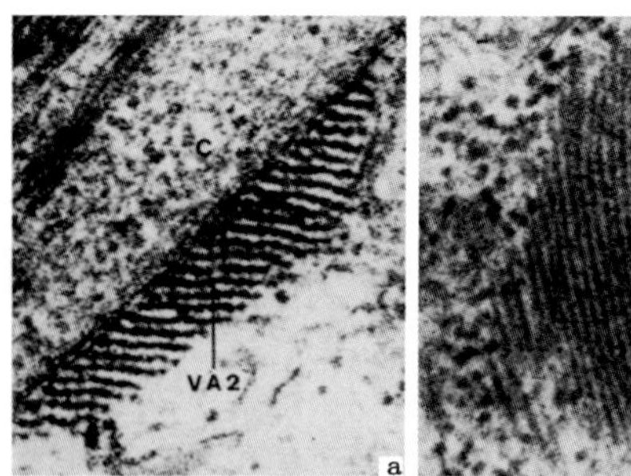

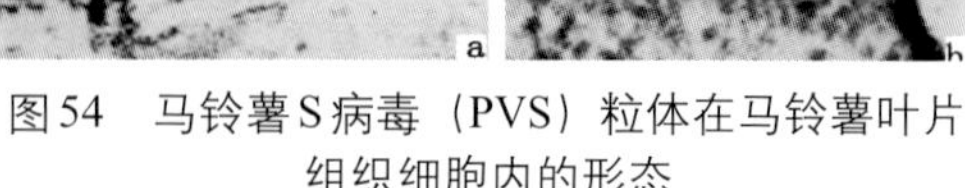
图54　马铃薯S病毒（PVS）粒体在马铃薯叶片组织细胞内的形态

（引自J.A. De Bokx & H. A. J. I. Waterreus, 1971）

V：液泡；C：叶绿体；VA1：PVS粒体平行聚焦于叶绿体膜附近；VAS2：PVS粒体平行聚焦于液泡膜附近

马铃薯普通花叶病

田间症状 为害症状因病毒株系、马铃薯品种和环境条件而有所不同。常见的症状为轻型花叶，表现为病株中上部叶片颜色深浅不一的轻微花叶或斑驳花叶，斑驳花叶常沿叶脉发展，但发病叶片平展，不明显变形，叶脉不坏死。在遮阴条件下，病株底部的叶片常常不转为均匀黄色，而是呈现绿色脉带（图55）。有的株系在某些品种上能引起过敏反应，产生顶端

图55　马铃薯普通花叶病症状

坏死。有的株系还可以引起叶片皱缩。马铃薯普通花叶病症状与气候条件密切相关，气温18℃时，易见黄绿相间的轻花叶或斑驳花叶，当气温过高或过低时，其症状会潜隐。

发生特点

病害类型	病毒性病害
病　原	马铃薯X病毒（*potato virus* X，PVX），线形病毒科马铃薯X病毒属（*Potexvirus*）（图56）
越冬场所	马铃薯X病毒可通过带毒马铃薯块茎及侵染周年栽植的茄科作物和田间杂草越冬
传播途径	PVX主要靠汁液接触传播，在田间可通过人手、工具、衣物、农具及动物皮毛接触和摩擦而自然传播。此外，该病毒也可由某些昆虫如异黑蝗（*Melanoplus differentialis*）和绿丛螽斯（*Tettigonia viridissima*）的咀嚼式口器经机械作用传播，菟丝子（*Cuscuta campestris*）和集合油壶菌（*Synchytium endobiotcum*）也能够传播该病毒，但实生种子不能传毒
发病原因	常年连作或与蔬菜等茄科作物间作的马铃薯地块，PVX侵染发病重；施肥比例不均衡，氮肥施用量大等，马铃薯易感染PVX，且表现症状较快

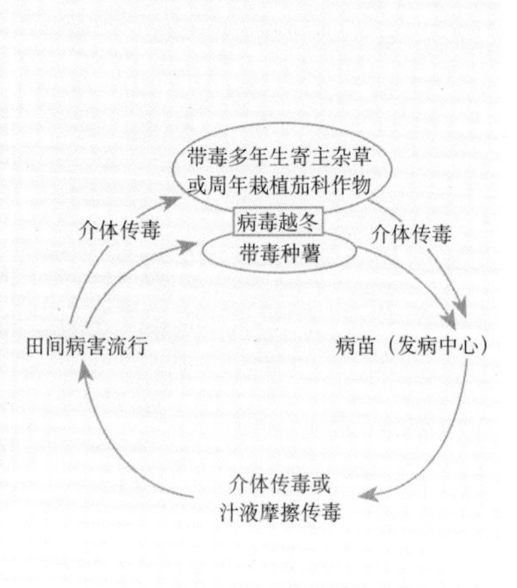

防治适期 选用脱毒种薯，适期早播，提前预防是关键。发现病株应及时拔除，在传毒介体蚜虫发生前期及时喷施防虫及抑制病毒发展的药剂，尽量将传毒介体种群密度控制在较低的水平。

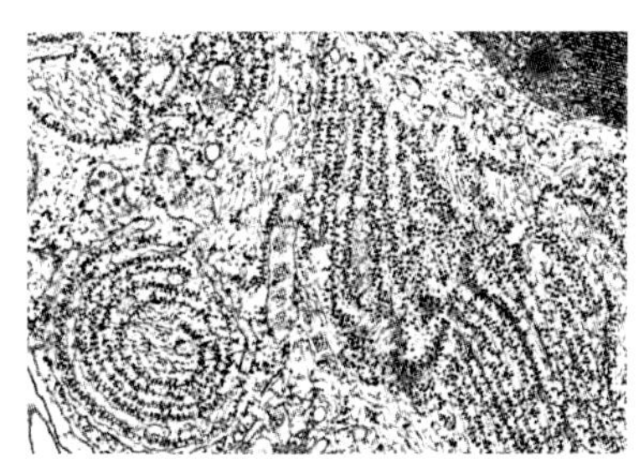

图56　马铃薯X病毒粒体在寄主细胞质内形成不同排列形状的内含体

防治措施 参照马铃薯卷叶病的相关防治措施执行。选种具有一定抗性或耐病的品种。表现抗X病毒的有克新3号、中薯2号、中薯3号、内薯2号、内薯7号、大西洋等品种。

马铃薯重花叶病

田间症状 该病症状随病毒株系和马铃薯品种而有不同。常见的为顶部叶片的叶脉产生斑驳，背面叶脉坏死，严重时沿叶脉蔓延至主茎，产生褐色坏死条斑（图57）；使叶片坏死萎垂，成垂叶条斑；有的不坏死，但病株矮小，茎叶变脆，节间短，叶片呈花叶状，集生成丛；有的表现花叶皱缩，或出现坏死斑；有的形成条纹花叶、茎部倒伏；还有的品种表现隐症。若马铃薯Y病毒和马铃薯X病毒混合侵染时，呈严重的皱缩花叶和矮化症，加剧为害。值得注意的是，叶茎上的症状即花叶或坏死的轻重往往和块茎上的症状存在一种相关性。

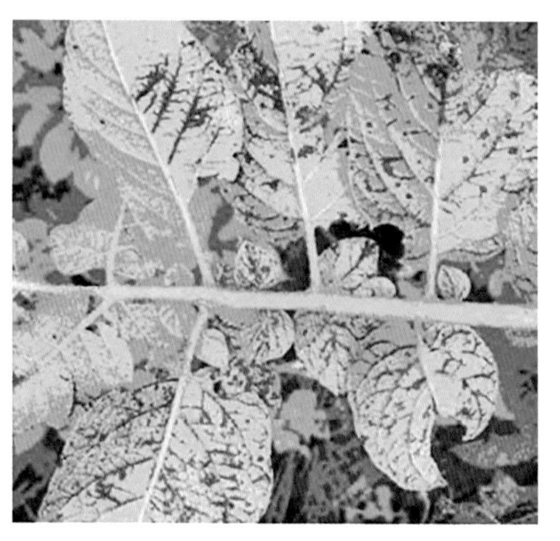

图57 马铃薯重花叶病叶片条斑状
（引自王永崇，2014）

发生特点

病害类型	病毒性病害
病　原	马铃薯Y病毒（*potato virus* Y，PVY）属马铃薯Y病毒科马铃薯Y病毒属（*Potyvirus*）（图58）
越冬场所	病毒主要通过带毒马铃薯块茎、周年栽植的茄科作物及田间杂草越冬
传播途径	自然条件下，马铃薯Y病毒通过以桃蚜为主的20余种蚜虫传毒，也可通过叶片汁液摩擦传毒
发病原因	马铃薯种植区常年只种植1 ～ 2个高产但抗病性较差的品种；常年连作或与蔬菜等茄科作物间作；施肥比例不均衡，氮肥施用量大，马铃薯易感染PVY，且表现症状较快

带毒田间杂草
或周年栽植茄科作物
病毒越冬
带毒种薯
蚜虫传毒
蚜虫传毒
病苗（发病中心）
介体蚜虫传毒
或汁液摩擦传毒
田间病害流行

防治适期 选用脱毒种薯，适期早播，提前预防是关键。发现病株应及时拔除，在传毒介体蚜虫发生前期及时喷施防虫及抑制病毒发展的药剂，尽量将传毒介体种群密度控制在较低的水平。

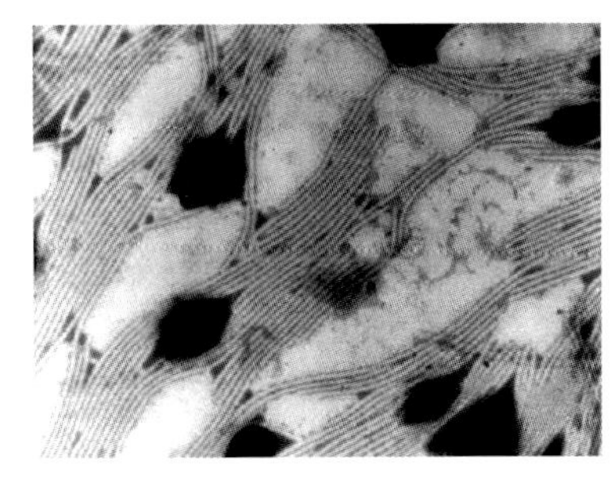

图58　马铃薯Y病毒（PVY）粒体
（引自Camille Kerlan）

防治措施 可参照马铃薯卷叶病的相关防治措施执行。选种具有一定抗性或耐病的品种，表现抗马铃薯Y病毒的品种有东农303、东农304、克新1号、克新2号、克新3号、跃进、中薯2号、中薯3号，中薯4号、疫不加、费乌瑞它、兴加2号、小叶子、西薯1号、361、丰收白、沙杂15、坝薯9号、郑薯2号、呼薯1号、内薯2号、七百万、卡他丁、疫畏他、Bzura、维加、巴伯拉等。

马铃薯茎杂色病

田间症状 在马铃薯块茎中引起坏死弧，在茎中引起斑驳（扭曲、矮化和斑驳，通常局限于由感染的块茎而产生的一个或几个嫩枝），在花芽中产生黄斑。

发生特点

病害类型	病毒性病害
病　原	烟草脆裂病毒（*tobacco rattle virus*，TRV）（图59），属帚状病毒科烟草脆裂病毒属
传播途径	烟草脆裂病毒是一种具有广泛寄主范围和地理分布的土壤带病毒。其传播媒介主要是毛刺线虫属和寄生性毛刺线虫属的几个种至少7种线虫传播，病毒在线虫体内能持久存留，但虫体脱皮后不再带毒，成虫、幼虫均可传毒，可能不经过卵传毒。另外，还可通过菟丝子、汁液摩擦和种子传毒
发病原因	田间土壤带病毒线虫发生量大，种薯带毒率高，种植抗病性较差的品种，田间管理不到位，偏施氮肥导致茎叶徒长，植物抗病性弱等易发病

带毒多年生寄主杂草
病毒越冬
带毒种薯
线虫传播
线虫传播
病苗（发病中心）
线虫传毒或
汁液摩擦等传毒
田间病害流行

防治措施

1. **杀线虫**　线虫作为主要传播媒介，杀灭线虫尤为关键。

2. 选择种植抗性品种。

3. 选用无病毒原料种薯种植，清除传染源头。

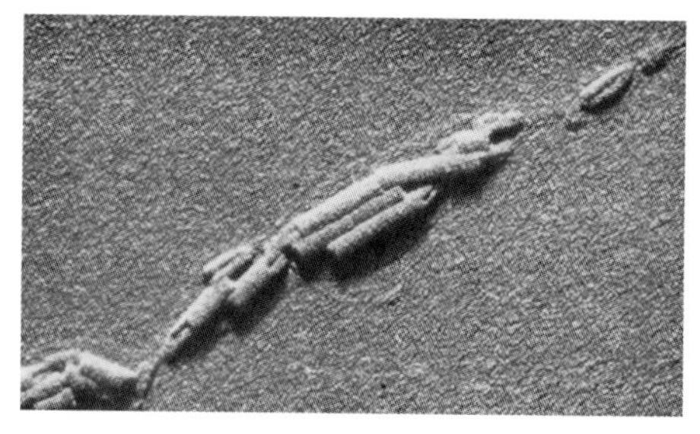

图59　烟草脆裂病毒（TRV）电镜图

马铃薯纺锤块茎病

田间症状　在开花之前，茎叶症状表现不明显。感病植株茎和花梗细长、上举。小叶变小，叶缘呈波状，并向上卷曲（图60）。茎和叶柄的夹角变小。近地叶子明显变短、直立。随着时间的推移，病株生长受到抑制。强系类病毒引起的症状明显，小叶扭曲，叶面皱缩。在有光条件下，病株叶面发暗，反光不强。病薯上的芽眼增多，凹陷，有较重的芽眉。皮孔周围出现坏死斑，有的薯皮纵向龟裂。某些品种块茎出现疙瘩、肿胀，严重畸形，薯肉也可发生大量坏死。

图60　马铃薯纺锤块茎病症状

发生特点

病害类型	类病毒性病害
病　原	马铃薯纺锤块茎类病毒（*potato spindle tuber viroid*，PSTVd），属马铃薯纺锤块茎类病毒科马铃薯纺锤块茎类病毒属
越冬场所	该病毒可通过带毒马铃薯块茎及田间杂草越冬
传播途径	PSTVd可以通过植物种子传播，番茄通过种子传播的概率为11%，马铃薯为33%~67%。PSTVd可以通过花粉或者卵细胞传递给马铃薯实生种子
发病原因	选用自留带毒种薯种植，种薯带毒率较高，为田间发病提供初侵染源；种植抗病性较差的马铃薯品种，田间栽培管理措施不到位，偏施氮肥导致茎叶徒长植株抗病性弱等均可引起发病

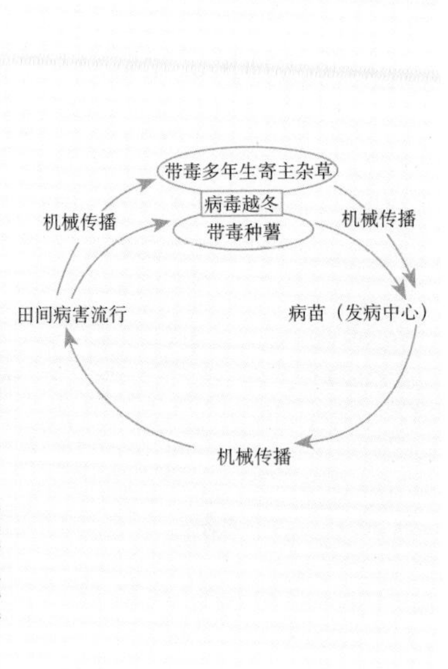

防治措施

1. **选用抗病品种**　较抗病的品种有东农303等，各地可根据情况适当选种。

2. **种植无毒种薯**　引用种薯应经检测确认无毒后应用。

3. **减少人为传播**　采取整薯直播方式，避开切块传毒环节，减少机械传播；田间农事操作时避免工具造成株间或叶间损伤接触、传播病毒。

4. **实行切刀消毒**　种薯切块时，使用的切刀（及工具）随时采用0.25%次氯酸钠溶液或1.0%次氯酸钙溶液浸泡或冲洗消毒，减少传染。

5. **加强栽培管理**　精细整地，适期播种，高垄栽培，肥水充足，避开高温下结薯，增施磷、钾肥等，减缓病情。

6. **及时治蚜防病**　参考其他病毒病。

7. 加强检验检疫。

8. **病毒检测**　茎尖剥离材料宜在剥离之前进行PSTVd检测。

9. **拔出病株**　在生育早期及时拔除病株。

马铃薯黄斑花叶病

田间症状 因病毒株系和马铃薯品种不同而异，某些品种植株中下部叶片产生鲜黄色斑花叶；有些品种病株畸形或矮化，而无黄斑；有些品种产生花叶、植株顶端坏死；有些品种块茎表面畸形或薯肉坏死。

发生特点

病害类型	病毒性病害
病　原	马铃薯奥古巴花叶病毒（*potato aucuba mosaic virus*，PAMV），也称马铃薯F病毒
越冬场所	该病毒可通过带毒马铃薯块茎及田间杂草越冬
传播途径	田间接触传播，也可嫁接传播。田间病薯长出的病苗为初侵染源。此病毒靠汁液传播，在田间植株间摩擦是传毒的主要途径
发病原因	选用自留带毒种薯种植，种薯带毒率较高，为田间发病提供初侵染源；种植抗病性较差的马铃薯品种；田间栽培管理措施不到位，偏施氮肥导致茎叶徒长植株抗病性弱等均可引起发病

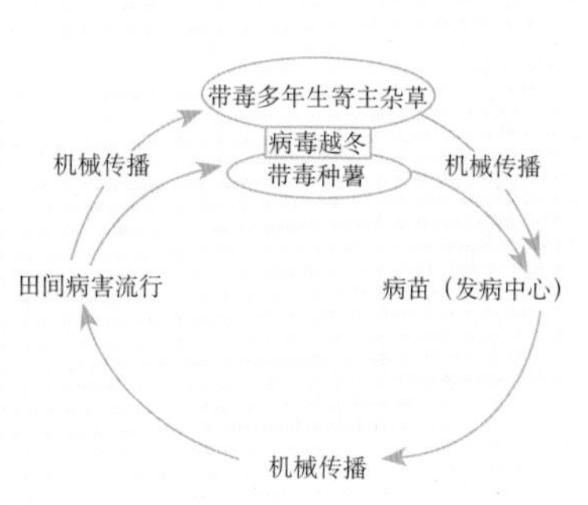

防治措施

1. **选用无病种薯，清除传染源头** 引用种薯应经检测确认无毒后应用。在田间生产中应尽可能地规避工具、衣服等物品传染病毒。作为传染病毒最为常见的介体，对于蚜虫的防治尤为关键，因此应该从源头上防治蚜虫。

2. 种薯田挖除病株。

3. 贮藏期间窖内避免高温。

马铃薯根结线虫病

田间症状 该病主要为害马铃薯根部和地下块茎。根部受害后在根上形成许多大小不等的肿瘤，初为乳黄色，近球形至葫芦形，后发展成形状各异的肿根，剖开后可见乳白色梨形状根结线虫雌虫（图61）。块茎受害后，表皮层形成多个大小不一的肿瘤状突起，剖开后可见乳白色梨形根结线虫雌虫（图62）。马铃薯受害后，地上植株部分表现为生长不良，叶片着生斑点或黄化，叶丛萎蔫，严重时地上部分死亡。

马铃薯根结线虫病

图61　感染根结线虫的根系

图62　感染根结线虫的块茎

发生特点

病害类型	线虫性病害
病　原	病原为南方根结线虫（*Meloidogyne incognita* Chitwood）（图63至图65）
越冬场所	二龄幼虫或卵在土壤中越冬
传播途径	通过病土、病苗和浇水传播
发病原因	土壤中性沙壤、结构疏松长期连作地块，发病严重

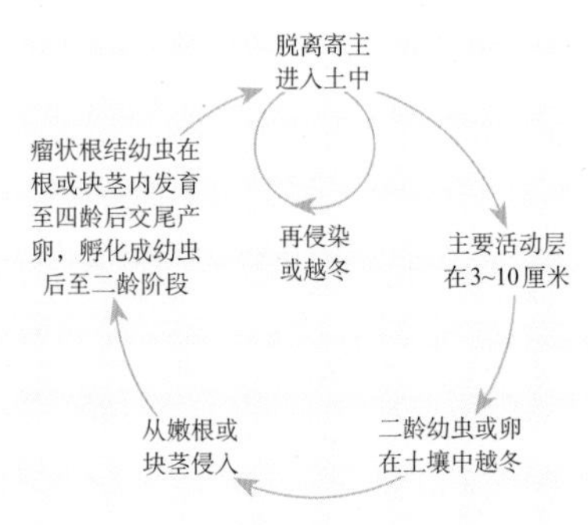

图63　南方根结线虫雌成虫寄生块茎中

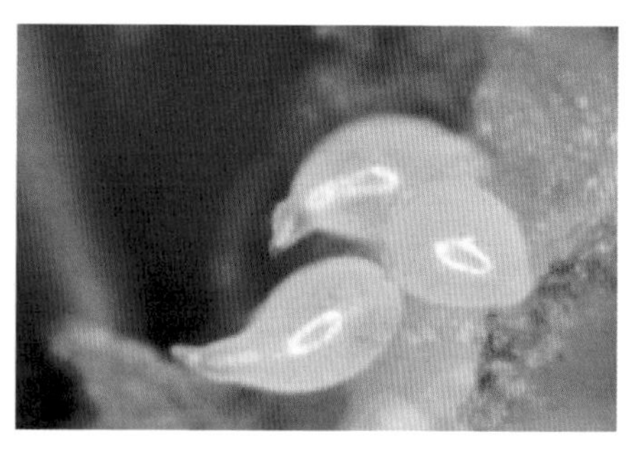
图64　南方根结线虫雌成虫

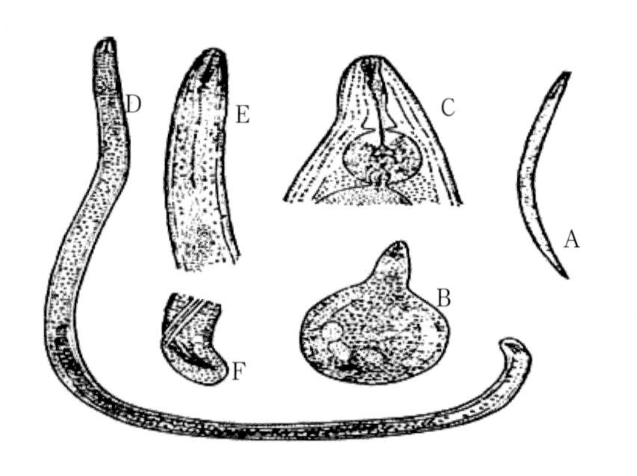

图65　南方根结线虫雌、雄虫
A.二龄幼虫　B.雌虫　C.雌虫前端
D.雄虫　E.雄虫前端　F.雄虫尾端

防治措施

1.农业防治　①目前选用抗病品种是最经济有效的防治策略。②选用无病种薯。不要将病薯作为饲料，以防通过牲畜消化道进入粪便传播。③前茬收获拉秧后仔细清除植株残根，深翻土壤，减少病源。

2.化学防治　可选用20%呋虫胺可溶剂500倍液灌根处理，减轻根结线虫的发生；也可选用10%的噻唑膦颗粒剂500克与10～15千克细土混合均匀撒施，盖土，浇水至土湿润即可；另外，10.5%阿维·噻唑膦颗粒剂处理块茎防效也很好。

马铃薯腐烂茎线虫病

田间症状　在我国各马铃薯产区均有不同程度发生，发病率一般为2%～5%，严重的可达40%～50%。多雨年份可引起严重减产，在田间可造成缺苗断垄及块茎腐烂，贮藏期可引起烂薯。马铃薯腐烂茎线虫一般为害寄主植物的地下部。马铃薯受害后，薯块表皮下产生小的白色斑点，以后斑点逐渐扩大并变成淡褐色，组织软化以致中心变空（图66），病害严重时，表皮开裂、皱缩，内部组织呈干粉状，颜色变为灰色、暗褐色至黑色。

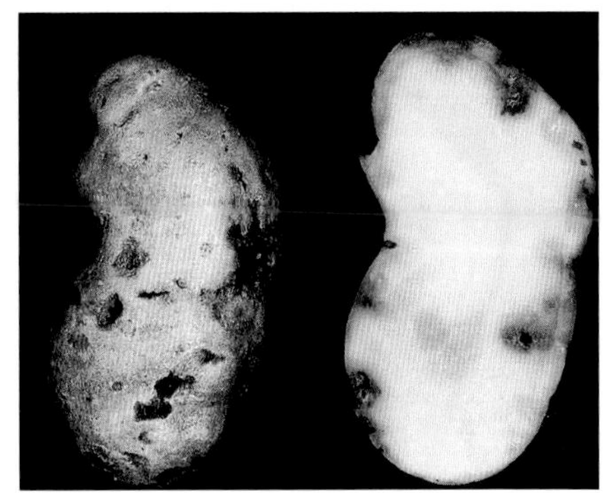

图66　薯块受害组织中心变空

发生特点

病害类型	线虫性病害
病　原	马铃薯腐烂茎线虫（*Ditylenchus destructor* Thorne）是检疫性线虫，为多食性线虫，已报道的植物寄主多达90多种（图67）
越冬场所	虫体在病薯或病残体内越冬
传播途径	随着被侵染的植物地下器官如鳞茎、根茎、块茎等及黏附在这些器官上的土壤进行传播，在田间还可以通过农事操作和水流传播，主要从薯苗基部伤口侵入，后期从薯苗茎内逐渐向上扩展延伸
发病原因	温度、湿度对其发生有重大影响，收获期因病薯和健薯接触传染，成为环腐病的重要传播时期，当温度在15～20℃，相对湿度为80%～100%时，马铃薯腐烂茎线虫对马铃薯的危害最严重

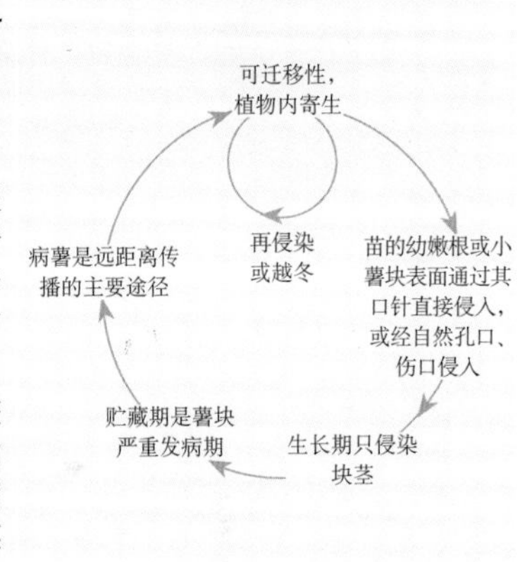

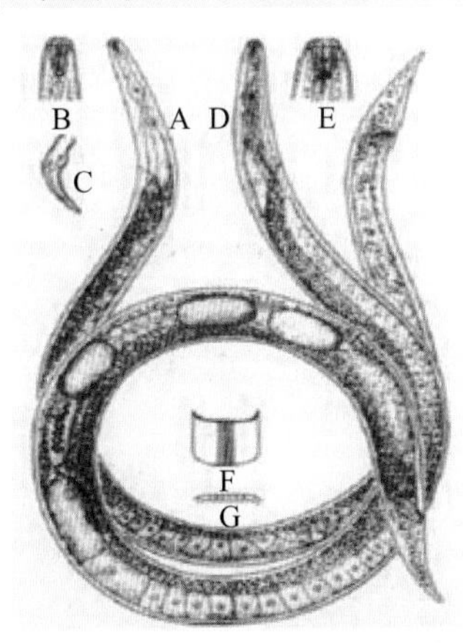

图67　马铃薯腐烂茎线虫
雄虫：A.整虫体　B.头部　C.交合刺
雌虫：D.整虫体　E.头部　F.体中部侧区
G.侧区横切面
（仿Hopper，1973）

防治适期 马铃薯匍匐茎和新生薯块的形成期是马铃薯腐烂茎线虫侵染马铃薯的最佳时期。因此，实际生产中在马铃薯匍匐茎和新生薯块形成前期对马铃薯腐烂茎线虫进行防治可大大降低其对马铃薯的危害。

防治措施

1. 选用抗性好的品种 如克星1号和陇薯6号等。

2. 加热法杀灭线虫 马铃薯腐烂茎线虫最经典和最成功的方法是加热法。有实验表明：杀死马铃薯块茎内腐烂茎线虫的最佳温度是43℃，处理时间为180分钟。

3. 化学防治 栽培时覆膜加各种药剂处理，如辛硫磷等防治效果明显，防效在85%以上；用茎线灵条施、线虫必克穴施也有一定防治效果。180微克/毫升1.8%阿维菌素乳油浸根处理防治甘薯茎线虫病效果较好。

马铃薯金线虫病

铃薯金线虫是马铃薯毁灭性病害。该病除为害马铃薯外，还为害番茄等茄科作物。该病主要分布在欧洲大部分国家和亚洲少数国家，是我国外检对象。

田间症状 该线虫对马铃薯根系伤害很大，根系受害后，植株矮小、茎秆细长、开花少或不开花，叶片上生斑点或黄化，叶丛萎蔫或死亡。开花期拔出根部，可见许多白色或黄色的未成熟的雌虫露于表面（图68）。

图68　马铃薯金线虫病病根及放大的胞囊

发生特点

病害类型	线虫性病害
病 原	马铃薯金线虫[*Globodera rostochiensis*（Wollenweber）Behrens 异名 *Heterodora rostochiensis* Wollenweber]，属线虫门侧尾腺纲垫刃目异皮科球胞囊属
越冬场所	马铃薯金线虫为定居型内寄生线虫，以鞣革质的胞囊在土壤中越冬
传播途径	通过幼虫在土壤中移动造成的扩散传播距离很短，但是胞囊可通过农事操作、灌溉水及风雨扩散传播
发病原因	较低的土壤温度、通气良好土质及相对潮湿环境易发病。该虫抗逆性强，在土壤类型适宜条件下，胞囊内的卵可以在土壤中存活达28年

防治适期 加强检疫、杜绝输入是无病区防治的关键。

防治措施

1. **严格进行检疫，防止种薯传播** 供外运的种薯尽可能不带土，如带土要注意镜检泥土中是否有雌虫或胞囊。

2. **轮作** 在该病发生地区实行10年以上轮作。

3. 选用抗病品种。

4. **微生物防治** ①利用植物线虫的趋性，如有研究发现可通过破坏马铃薯金线虫定殖寄主，向取食点移动及找配偶时会产生特定化学识别功能进而达到防治效果。②利用内生真菌、内生细菌、内生放线菌等防治。如丛枝菌根(AM)真菌对线虫病原体引起的土传性病害起拮抗作用，通过与植物形成共生体，实时监测，它能及时诱导病害寄主主动产生抗病性。此外还能直接或间接生成一些激素类物质等。

马铃薯冻害

田间症状

1. **苗期冻害田间症状** 马铃薯苗期遭遇0℃或0℃以下低温时，幼苗生长点和顶部叶片出现明显冻害症状。冻害较轻时，叶片虽未凋萎，但生长停滞，叶片皱缩、畸形，叶色变为黄绿色；冻害较重时，生长点和顶部叶片萎蔫变褐，后至干枯，受害部分死亡。随着气温回暖，植株从未受冻的茎节上可再萌发出新的枝叶（图69）。

图69　马铃薯苗期冻害症状

2. **窖藏冻害症状**　贮藏窖中长期处于0℃或0℃以下低温时，薯块肉质部分变褐，后至黑色，严重时薯块薄壁细胞结冰，造成薯肉脱水、萎缩。同时淀粉转化为糖分，严重影响种薯质量。

病　　因　由低温引起，主要为害马铃薯幼苗、薯块。

防治措施

1. **调整播期**　各地应根据本区域自然条件调节好播种期，错过早、晚霜期。

2. **迅速追施速效肥**　受到低温冻害的田块，迅速追施速效肥，增强作物生长活力和恢复能力。

3. **促进早发**　这种方法对受害较轻的种芽和幼苗效果比较明显。如可喷施0.136%芸薹·吲乙·赤霉酸可湿性粉剂10 000倍液即可有效促进生长。

4. **控制窖内温度**　窖藏时应严格控制窖内温度，种薯应保持2～4℃，食用薯4～6℃，加工原料薯8℃左右。

马铃薯药害

田间症状

1. 急性药害田间症状　指施药后10天内所表现的症状，一般发生很快，症状明显，大多表现为斑点、失绿、烧伤、凋萎、落花、卷叶畸形、幼嫩组织枯焦等（图70）。

图70　除草剂对马铃薯产生的药害症状

2. 慢性药害田间症状　指施药后数十天才会出现的药害症状，且症状不明显，主要影响作物的生理活动，如出现黄化、生长发育缓慢、畸形等。

3. 残留药害田间症状　指有一些农药在土壤中残留期较长，容易影响下茬作物的生长。

病　因　发生药害的原因有以下几个方面：①使用农药过量、使用技术不当。②购买了假劣农药。③某些农药对马铃薯作物不安全，使用这些农药会造成药害。④由于作物和环境条件的综合因素引起。其中最常见的是除草剂对马铃薯产生的药害。

防治措施　马铃薯药害发生后，要积极采取补救措施。主要方法：

1. 通过喷大量水淋洗或略带碱性水淋洗，起到冲刷、稀释作用，在一定程度上减轻药害。

2. 迅速追施速效肥，增强作物生长活力和恢复能力，促进生长发育。这种方法对受害较轻的种芽和幼苗效果比较明显，如喷施0.136%芸薹·吲乙·赤霉酸可湿性粉剂10 000倍液可有效促进生长，缓解药害。

3. 针对发生药害的药剂，喷洒能缓解药害的药剂。

4. 将受药害较严重的部位剪除或摘除。

马铃薯绿皮薯

田间症状 马铃薯块茎表皮变绿色（图71）。

图71 马铃薯绿皮薯症状

病 因 马铃薯绿皮薯是马铃薯块茎长时间暴露在光照下引起的。绿皮薯块茎产生叶绿素和龙葵素，食用后会引起龙葵素中毒，引发呕吐，失去食用价值和商品性。

防治措施

1. **及时培土** 在马铃薯生长期间及时培土，避免块茎露出土表。

2. **避免光照** 贮藏和运输过程中，做好防光措施，避免散射光长时间照射薯块。

马铃薯绿皮薯、黑心薯和空心的防治

PART 2

虫　害

马铃薯甲虫

食叶性害虫

分类地位 马铃薯甲虫[*Leptinotarsa decemlineata*（Say）]又名科罗拉多马铃薯甲虫，属鞘翅目叶甲科负泥虫亚科。

为害特点 马铃薯甲虫以幼虫和成虫为害，主要分为直接为害与间接为害。

直接为害：幼虫与成虫取食寄主植物叶片，取食量大，繁殖速度快，种群数量增长快，常将马铃薯田中植株吃成光秆，严重为害时造成大半减产甚至绝收（图72）。

间接为害：马铃薯甲虫在寄主植物间传播马铃薯褐斑病（图73）和环腐病等多种病害的病菌。

图72 马铃薯甲虫为害状

图73 马铃薯褐斑病

形态特征

成虫：体长9～12毫米，宽6～7毫米，椭圆形，背面隆起，雄虫小于雌虫，背面稍平，头胸腹具黑斑点。鞘翅浅黄色，每个翅上有5条黑色条纹，两翅结合处构成1条黑色斑纹。头部具3个斑点，眼肾形、黑色，触角细长、11节，长达前胸后角。前胸背板有斑点10多个，中间2个大，两侧各生大小不等的斑点5个，腹部每节有斑点4个。雄虫最末端腹板比

较隆起，具1条凹线，雌虫无此特征（图74）。

卵：长椭圆形，长1.5～1.8毫米，宽0.7～0.8毫米，两端钝尖，雌虫多产卵于叶背面，呈卵块，20～50粒，排列整齐，橙黄色，少数为橘红色（图75）。

图74 马铃薯甲虫成虫

图75 马铃薯甲虫卵块

幼虫：分为4个龄期，幼虫的体长×头宽分别为：一龄（2.10～3.20）毫米×（0.5～0.67）毫米；二龄（4.40～5.60）毫米×（0.84～1.00）毫米；三龄（7.70～9.10）毫米×（1.17～1.50）毫米；四龄（12.40～15.40）毫米×（2.17～2.50）毫米；一龄、二龄幼虫暗褐色，三龄以后逐渐变为不同程度的黄色；一龄、二龄幼虫的头、前胸背板骨片及胸腹部的气门片暗褐色和黑色；三龄、四龄幼虫体色淡，腹部膨胀隆起呈驼背状，头两侧具6个瘤状小眼和1个3节的短触角，触角稍可伸缩，腹部两侧各有2排黑色斑点（图76）。

蛹：离蛹，椭圆形呈尾部略尖，体长9～12毫米，宽6～8毫米，橘黄色或亮黄色。(图77)。

图76　马铃薯甲虫幼虫

图77　马铃薯甲虫蛹

发生特点

发生代数	世代重叠，具有高繁殖率、滞育和迁飞等习性，该虫在新疆北部1年发生1～3代，以2代为主
越冬方式	以成虫在寄主作物田越冬，深度6～30厘米，主要分布在11～20厘米土层
发生规律	一般越冬代成虫5月上中旬出土，随后转移至寄主植物取食马铃薯，由于越冬成虫越冬入土前进行了交尾。第一代卵盛期为5月中下旬，第一代幼虫为害盛期出现在5月下旬至6月下旬，第一代蛹盛期出现在6月下旬至7月上旬，第一代成虫盛期出现在7月上旬至下旬，第一代成虫产卵盛期出现在7月上旬至下旬；第二代幼虫发生盛期出现在7月中旬至下旬，第二代幼虫化蛹盛期出现在7月下旬至8月上旬；第二代成虫羽化盛期出现在8月上旬至中旬，第二代（越冬代）成虫入土休眠盛期出现在8月下旬至9月上旬，世代发育需要30～50天
生活习性	成虫有明显的假死性，受惊扰时常假死坠地。成虫产卵多产于叶片背面，多聚产成卵块，20～50粒，卵粒与叶面多呈垂直状态。低龄幼虫有自残习性，取食卵块，老熟幼虫在被害株附近入表土中化蛹，黏性土壤化蛹主要集中在1～5厘米，沙性土壤主要集中在1～10厘米

防治适期 药剂防治应在幼虫一至二龄期进行，防治指标为每10株寄主植物上低龄幼虫达200头、高龄幼虫达115头、成虫达25头。

防治措施

1. 严格执行检疫程序，加强疫情监测 加强检疫是马铃薯甲虫防控最关键的手段。对疫区调出、调入的农产品尤其是茄科寄主植物，应当按照调运检疫程序严格把关，防止疫区的马铃薯块茎、活体植株调出。对来自疫区的其他茄科寄主植物及包装材料按规程进行检疫处理，防止马铃薯甲虫的传出和扩散蔓延。

2. 秋翻冬灌 破坏马铃薯甲虫的越冬场所，可显著降低成虫越冬虫口基数，防止其扩散蔓延。

3. 轮作倒茬 在马铃薯甲虫发生严重区域，实行与非茄科蔬菜、作物轮作倒茬，达到逐步降低害虫种群数量的目的。

4. 人工捕杀 利用马铃薯甲虫的假死性和早春成虫出土零星不齐、迁移活动性较弱的特点，从4月下旬开始进行人工捕杀越冬成虫和消灭叶片背面的卵块，降低虫源基数。

5. 植物诱杀 在马铃薯甲虫发生严重的区域，早春集中种植有显著诱集作用的茄科寄主植物，形成相对集中的诱集带。

6. 适期晚播 适当推迟播期至5月上中旬，避开马铃薯甲虫出土为害及产卵高峰期。

7. 覆盖栽培 利用麦草等覆盖，土壤的温、湿度等条件更有利于马铃薯的生长，而且马铃薯甲虫的捕食性天敌也明显增多。

8. 选用抗虫品种 通过选育Bt抗虫马铃薯，可避开越冬马铃薯甲虫的出土为害及产卵高峰，还可以采取火烧，在马铃薯地里挖V形沟并内衬塑料膜诱杀，或用真空吸虫器和丙烷火焰器等方法进行物理防治。

9. 环境友好型绿色化学药剂防控 在虫口发生基数较大时，可选用烟碱和新烟碱类杀虫剂：如5%阿克泰水分散粒剂每亩用6克、70%艾美乐水分散粒剂2毫升/公顷、3%莫比朗乳油15毫升/亩、20%啶虫脒可溶性液剂10毫升/公顷等；氯虫苯甲酰胺类农药：如40%氯虫苯甲酰胺·噻虫嗪水粉10克/公顷、14%氯虫苯甲酰胺·高氯氟微囊悬浮—悬浮剂10克/公顷、22%噻虫嗪·高氯氟微囊悬浮—悬浮剂10毫升/公顷；微生物源类杀虫剂：如300亿活孢/克的马铃薯甲虫白僵菌可湿性粉剂100 ~ 150毫升/公顷、100亿/毫升的白僵菌油悬浮剂300克/公顷、48%多杀霉素和2.5%多杀霉素悬浮剂60毫升/公顷、3%甲氨基阿维菌素苯甲酸盐（简称甲维盐）乳油60克/公顷；植物源杀虫剂：如0.5%苦参碱水剂（绿宇）800倍液、0.3%印楝乳油（绿晶）800倍液、7.5%鱼藤酮乳油1 000倍液；昆虫生长调节剂类杀虫剂：如3%高渗苯氧威乳油500倍液；10%呋喃虫酰肼悬浮剂500倍液、生物工程菌剂类：如Bt工程菌（32 000IU/毫克苏云金杆菌可湿性粉剂）75克/公顷进行防控。

易混淆害虫 马铃薯甲虫和伪马铃薯叶甲极为相似，可以从以下几个方面加以区别：①马铃薯甲虫鞘翅上的刻点无规则，伪马铃薯叶甲鞘翅上的刻点排成规则的行。②马铃薯甲虫成虫腿节外缘无黑斑，足红黄色；伪马铃薯叶甲成虫腿节外缘有黑斑，足淡黄色。③马铃薯甲虫幼虫头部色深，伪马铃薯叶甲幼虫头部色浅。

马铃薯二十八星瓢虫

食叶性害虫

分类地位 马铃薯二十八星瓢虫[*Henosepilachna vigintioctomaculat* (Motschulsky)]又名马铃薯瓢虫，属鞘翅目瓢虫科裂臀瓢虫属。

马铃薯二十八星瓢虫

图78 马铃薯二十八星瓢虫为害状

为害特点 成虫和幼虫取食叶片，残留表皮形成许多平行的食痕，常导致叶片枯焦（图78）。

形态特征

成虫：体长约7毫米，红褐色，体密被黄灰色细毛；前胸背板前缘凹陷，前缘角突出，中央有1个较大的剑状斑纹，两侧各有2个黑色小斑，有时愈合；两鞘翅上各有14个黑斑，基部3个，其后方的4个不在一条直线上，两侧各有2个黑色小斑（有时合并成1个）（图79）。

卵：纺锤形，炮弹状，长13 ~ 15毫米，底部膨大，初产时鲜黄色，后变为黄褐色，有纵纹。通常20 ~ 30粒排列于叶背，卵粒之间有明显的间隙（图80）。

图79 马铃薯二十八星瓢虫成虫

图80 马铃薯二十八星瓢虫卵

幼虫：末龄幼虫体长9 ~ 10毫米，宽约3毫米，纺锤形，体黄褐色或黄色，体背各节有黑色枝刺，枝刺基部具淡黑色环状纹。前胸及腹部第八、第九节各有枝状突4个，其他各节每节具有6个，整体形态如苍耳果实（图81）。

图81 马铃薯二十八星瓢虫幼虫

蛹：裸蛹，长6～8毫米，椭圆形，淡黄色，背面隆起，腹面扁平，体表被有稀疏细毛，羽化前可出现成虫的黑色斑纹，尾端包被着幼虫末次蜕的皮壳。

发生特点

发生代数	在我国北方地区如东北、华北等地每年发生2代，少数发生1代，江苏发生3代，世代重叠严重
越冬方式	以成虫在背风向阳、较为温暖、湿度适中的各种缝隙或隐蔽处群集越冬，如石缝、墙缝、屋檐、篱笆、树洞、杂草、灌木根际处（潜土深度3～7厘米）
发生规律	一般5月成虫开始活动，为害马铃薯和其他蔬菜幼苗。6月上中旬产卵盛期，6月下旬至7月上旬为第一代幼虫为害期，7月中下旬为化蛹盛期，7月底至8月初为第一代成虫羽化盛期，8月中旬为第二代幼虫为害盛期，8月下旬开始化蛹，羽化为成虫，9月中旬开始寻找越冬场所，10月上旬开始越冬
生活习性	成虫有明显的假死性，受惊扰时常假死坠地；成虫有自残习性，可见成虫取食卵块和幼虫

防治适期 冬成虫盛发期和一代幼虫一至二龄聚集期进行化学防治，可有效控制虫源，防止其大发生。

防治措施

1.**合理轮作** 实行与非茄科蔬菜或大豆、玉米、小麦等作物轮作倒茬，恶化其生活环境，中断其食物链，达到逐步降低害虫种群数量的目的。

2.**人工捕捉** 利用成虫的假死性拍打植株，用脸盆接住并集中杀灭；根据卵块颜色鲜艳、容易发现的特点，结合农事活动，人工摘除卵块。

3.**清洁田园** 马铃薯收获后及时处理残株和田间地头的枯枝、杂草，可以消灭大量残留的瓢虫，降低虫源基数。

4.**生物防治** 可使用苏云金芽孢杆菌、白僵菌、绿僵菌等生物制剂。首先选用苏云金芽孢杆菌7126防治。7126菌剂原粉含孢子100亿个/克，在马铃薯瓢虫大发生之前喷洒到茄果类、瓜类、豆类有露水的植株上，每亩用10克，防效可达37.5%～100%。

5.**灯光诱杀** 利用马铃薯瓢虫的趋光性，设置黑光灯诱杀。

6.**化学防治** 在成虫盛发至幼虫孵化盛期进行化学防治，同时要注意对田间地边其他寄主植物上的马铃薯二十八星瓢虫的防治，把成虫和幼虫消灭在分散为害前。可采用的药剂有1.8%阿维菌素乳油1 000倍液、2.5%

高效氯氟氰菊酯乳油3 000 倍液或40%辛硫磷乳油1 000 倍液等喷雾防治。

易混淆害虫　马铃薯二十八星瓢虫和茄二十八星瓢虫形态相似，成虫鞘翅上都有28 个斑。但可从以下几个方面加以区别：

①马铃薯二十八星瓢虫鞘翅基部3 个黑斑后方的4个黑斑不在一条直线上；茄二十八星瓢虫鞘翅基部3 个黑斑后方的4 个黑斑几乎在一条直线上（图82）。

②鞘翅上的凹陷内毛的着生位置不同。马铃薯二十八星瓢虫的毛着生于凹陷的中心，而茄二十八星瓢虫的毛着生于凹陷边缘；凹陷深浅不同，马铃薯二十八星瓢虫的凹陷较深，茄二十八星瓢虫的凹陷较浅。

图82　马铃薯二十八星瓢虫（左）和茄二十八星瓢虫（右）

豆芫菁

食叶性害虫

分类地位　豆芫菁（*Epicauta gorhami* Marseul）又名白条芫菁、锯角豆芫菁，属鞘翅目芫菁科豆芫菁属。

为害特点　豆芫菁以成虫取食马铃薯的叶片，尤喜幼嫩部位。造成叶片孔洞或缺刻，严重时甚至将叶片吃光，只剩网状叶脉（图83），影响马铃薯产量和质量。

图83　豆芫菁为害状

形态特征

成虫：体长12～25毫米，头部红色，略呈三角形。触角基部有1对黑色瘤状突起。胸腹和鞘翅均为黑色，具有绒毛和刻点。前胸背板中央和每个鞘翅都有1条纵行的灰白色纹，鞘翅周缘灰白色。前足胫节具2个尖细端刺，后足胫节具2个短而等长的端刺（图84）。

卵：长椭圆形，长2.5～3毫米，初产乳白色，后渐变黄色，卵块排列成菊花状（图85）。

图84　豆芫菁成虫

图85　豆芫菁卵

幼虫：豆芫菁是复变态昆虫，各龄幼虫形态各异。一龄幼虫似双尾虫，口器和胸足都发达，每足的末端都具3爪，腹部末端有1对长的尾须（图86）。二至四龄幼虫乳白色，形似蛴螬，胸足呈乳突状，体长13～14毫米（图87）。

图86　一龄豆芫菁幼虫

图87　二至四龄豆芫菁幼虫

蛹：长约16毫米，通体灰黄色，复眼黑色，翅芽稍淡（图88）。

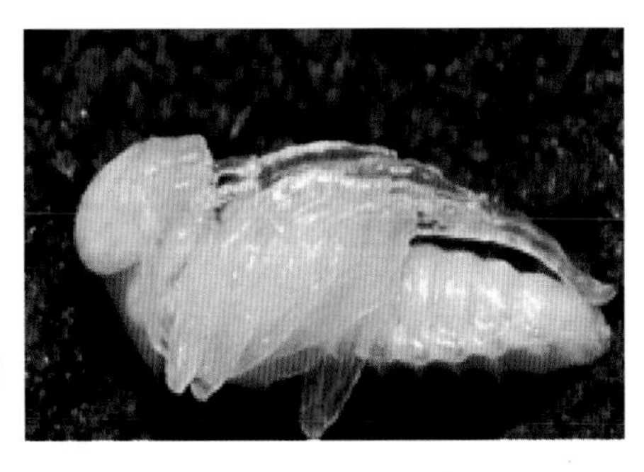

图88 豆芫菁蛹

发生特点

发生代数	在东北、华北1年发生1代，在长江流域及长江流域以南各省1年发生2代
越冬方式	以五龄幼虫（假蛹）在土中越冬
发生规律	越冬幼虫6月中旬化蛹，成虫于6月下旬至8月中旬出现为害并交尾产卵。成虫产卵于土中约5厘米处，每穴70～150粒卵。卵期18～21天，幼虫自7月中旬开始孵化，8月为严重为害时期，8月中旬发育至五龄即在土中越冬。成虫寿命为30～35天
生活习性	成虫白天活动，在马铃薯植株上群集为害，活泼善爬，喜食嫩叶、嫩茎，有迁飞习性。成虫受惊时迅速散开或坠落地面藏匿。且能从腿节末端分泌含有芫菁素的黄色液体，如触及人体皮肤，能引起红肿发泡。幼虫有假死性，受惊后腹部卷曲不动，幼虫以蝗卵为食

防治适期 低龄幼虫期进行化学防治，能有效控制虫源，防止其大发生。

防治措施

1. 越冬防治 根据豆芫菁经幼虫在土中越冬的习性，冬季翻耕农田，减少越冬虫蛹。

2. 捕捉成虫 成虫有群集为害习性，可于清晨用网捕成虫，集中消灭。

3. 清洁田园 马铃薯收获后及时处理残株和田间地头的枯枝、杂草，可以消灭大量残留的豆芫菁，降低虫源基数。

4. 化学防治 选用20%氰戊菊酯乳油3 000倍液、45%马拉硫磷乳油1 000～1 500倍液等进行叶片喷雾防治，每隔7天喷1次，连喷2次。

易混淆害虫 豆芫菁和桃红颈天牛形态相似，但可从以下几个方面加以区别（图89）：

①两者体型均似长圆筒形，背部略扁。但是豆芫菁头部红色，胸腹和

鞘翅均为黑色，头部略呈三角形。桃红颈天牛头黑色，有很长的触角，常常超过身体的长度。

②豆芫菁触角近基部几节暗红色，基部有1对黑色瘤状突起。天牛触角着生在额的突起（称触角基瘤）上，具有使触角自由转动和向后覆盖于虫体背上的功能。

图89　豆芫菁（左）和桃红颈天牛（右）

甜菜夜蛾

食叶性害虫

分类地位 甜菜夜蛾[*Spodoptera exigua*（Hübner）]又称贪夜蛾，属鳞翅目夜蛾科灰翅夜蛾属。

为害特点 该虫主要以幼虫啃食马铃薯植株叶片为害，初孵幼虫群集叶背，吐丝结网，在网内取食叶肉，留下表皮，严重时仅剩下叶脉和叶柄，也能以幼虫钻蛀块茎为害（图90）。

图90　甜菜夜蛾为害状

形态特征

成虫：灰褐色，头、胸有黑点，体长8 ~ 10毫米，翅展19 ~ 25毫米。前翅灰褐色，基线仅前段有双黑纹；内横线双线黑色，波浪形外斜，剑纹为一黑色条，肾纹和环纹

都是粉黄色，中央褐色，黑边；中横线黑色，波浪形；外横线双线黑色，锯齿形，前、后端的线间白色；亚缘线白色，锯齿形，两侧有黑点，外侧在M_1处有一较大的黑点。后翅白色，翅脉及缘线黑褐色（图91）。

卵：呈黄白色圆球形，成虫成块产于叶面或叶背，8～100粒不等，排成1～3层，重叠排成卵块，外覆白色绒毛，用来保护卵（图92）。

图91 甜菜夜蛾成虫

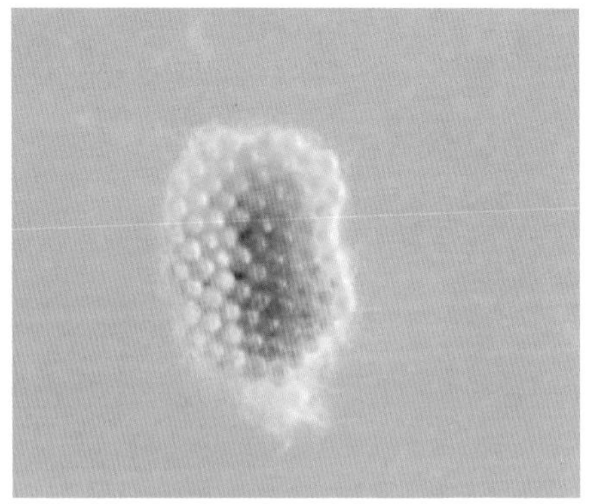

图92 甜菜夜蛾卵块

幼虫：老熟幼虫长约22毫米，幼虫的体色变化很大，有绿色、暗绿色、黄褐色、褐色至黑褐色，背线有或无，颜色各异，腹部气门下线为明显黄白色纵带，有时带粉红色，纵带末端直达腹部末端，不弯到臀足上。各节气门后上方具一明显白点（图93）。

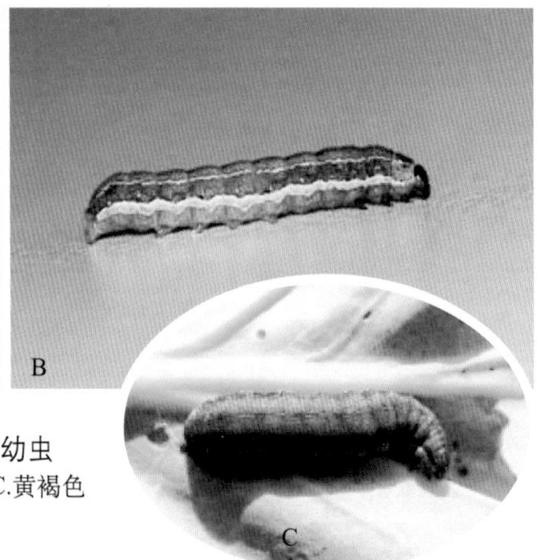

图93 甜菜夜蛾幼虫
A.绿色 B.暗绿色 C.黄褐色

蛹：黄褐色，长约10毫米，中胸气门显著外突，臀棘上有刚毛2根，其腹面基部有极短刚毛2根（图94）。

图94　甜菜夜蛾蛹

发生特点

发生代数	该虫喜温，在我国从北向南年发生世代数至少为3代，至多11代
越冬方式	以蛹在土室内越冬，越冬蛹发育起点10℃，有效积温220℃
发生规律	我国甜菜夜蛾从南到北年发生始盛期有逐步推迟的趋势，最早为4月，最迟为6月下旬，而盛发期南北各地相差不大，大多在7～10月。成虫产卵期为3～5天，雌虫每头产卵100～600粒，卵期为3～6天，幼虫一般为5龄，三龄前群集为害，食量少，四龄后食量暴增，幼虫老熟后，钻入地下4～10厘米土层化蛹，蛹期7～11天，成虫发育最适温度20～23℃，相对湿度50%～75%
生活习性	幼虫具有假死性，当虫口密度过高时有互相残杀的习性；成虫有趋光性，白天蛰伏，晚间活动取食

防治措施

1. 农业防治　秋季或冬季翻耕土壤，消灭越冬蛹，减少田间虫口基数。马铃薯收获后及时处理残株和田间地头的枯枝、杂草，可以消灭大量残留的幼虫降低虫源基数。

2. 物理防治　根据卵块多产在叶背，卵上有白色绒毛覆盖易于发现，且一、二龄幼虫集中在产卵叶或附近叶片上的特点，结合田间操作及时摘除卵块和未扩散的低龄幼虫，捕杀高龄幼虫。利用其假死性拍打植株，进行震落和捕杀幼虫，用脸盆接住并集中杀灭。利用甜菜夜蛾的趋光性，在田间设置频振式杀虫灯或黑光灯诱杀成虫。

3. 生物防治　低龄幼虫期时可选用100亿/毫升短稳杆菌悬浮剂600～800倍液，或每亩用10亿PIB/克斜纹夜蛾核型多角体病毒悬浮剂60～80毫升等生物药剂进行防治；保护寄生蜂等天敌。

4. **化学防治** 在幼虫低龄盛期每亩喷洒25%灭幼脲悬浮剂4 000倍液、20%虫酰肼悬浮剂13.5 ～ 20克、4.5%高效氯氰菊酯乳油600倍液、2.5%高效氯氟氰菊酯乳油600倍液、1%甲氨基阿维菌素苯甲酸盐乳油1 000倍液或2.5%溴氰菊酯乳油1 000倍液等低毒、低残留化学农药进行防治。

甘蓝夜蛾

食叶性害虫

分类地位 甘蓝夜蛾（*Mamestra brassicae* Linnaeus）又称甘蓝夜盗蛾，属鳞翅目夜蛾科。

为害特点 以幼虫为害植株叶片，初孵幼虫群集叶背取食叶肉，残留表皮，三龄前将叶片啃食成孔洞或缺刻，四龄后分散为害，昼夜取食，幼虫老熟后白天蛰伏在根际土中，夜间出来为害。发生严重时能把叶肉吃光，仅剩叶脉和叶柄，当为害处叶片取食殆尽后，幼虫群体迁移至另一处为害（图95）。

图95 甘蓝夜蛾为害状

形态特征

成虫：体长约20毫米，翅展45毫米，棕褐色。前翅有明显的环形斑纹和肾形斑纹，后翅外缘有1个小黑斑（图96）。

卵：半球形，初为淡黄色，顶部有1个棕色乳突，表面具纵脊和横格（图97）。

图96 甘蓝夜蛾成虫

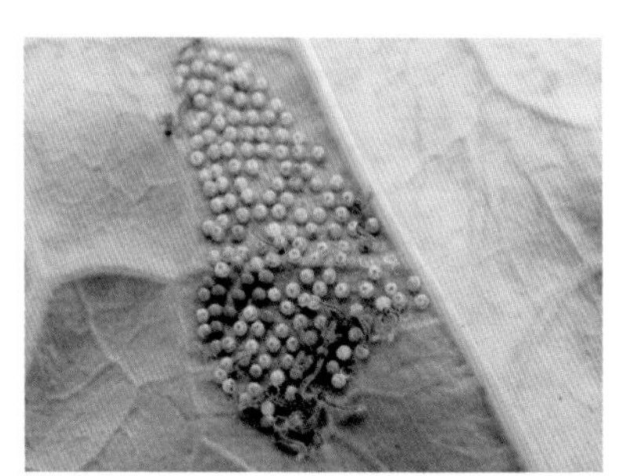

图97 甘蓝夜蛾卵

幼虫：共6龄。色多变。老熟后约50毫米，头部褐色，胴部腹面淡绿色，背面呈黄绿色或棕褐色。褐色型各节背面具倒“八”字纹（图98）。

蛹：长20毫米，棕褐色，臀棘为2根长刺，端部膨大（图99）。

图98　甘蓝夜蛾幼虫

图99　甘蓝夜蛾蛹

发生特点

发生代数	该虫在我国东北、西北、华北及西南等地均有发生，不同区域年代数不同，在黑龙江1年发生2代，在内蒙古、华北地区1年2～3代，陕南及西南区域1年发生4代
越冬方式	以蛹在土壤中越冬
发生规律	越冬代成虫出现期，一般2代区于5月、3代区于4月、4代区于3月，由北往南发生期逐渐提早。初孵幼虫群集叶背进行啃食，二至三龄幼虫开始分散取食为害，一般仍在产卵处周围的植株上，幼虫四龄后食量大增，五至六龄为暴食期，整个幼虫期为30～35天，发育适温为20～24.5℃，老熟后入土6～7厘米做土茧化蛹。蛹发育历期为10天左右，但越夏蛹期可长达2个月，北方越冬蛹历期可长达半年以上
生活习性	成虫对黑光灯和糖蜜气味有较强的趋性，喜在植株高而密的田间产卵，卵多产于寄主叶背，为单层块状；幼虫孵化后有先吃卵壳的习性

防治适期 低龄幼虫期进行化学防治，能有效控制虫源，防止其大发生。

防治措施

1. 农业防治　翻耕土壤，消灭越冬蛹，减少田间虫口基数。

2. 物理防治　田间设置黑光灯诱杀成虫；利用成虫趋糖醋性，配制食物源诱剂诱杀成虫。配制方法为糖：醋：水=6∶3∶1，再加少许敌敌畏（5～10滴即可），在成虫发生高峰期前，用瓶装好放在地块中进行诱杀。

3. 生物防治　保护赤眼蜂、寄生蝇、草蛉等天敌，生态控制甘蓝夜蛾的发生为害；在低龄幼虫期时可选用100亿个/毫升短稳杆菌悬浮剂

600 ～ 800倍液，或每亩用100亿PIB/克斜纹夜蛾核型多角体病毒悬浮剂60 ～ 80毫升等生物药剂进行防治。

4. 化学防治 在幼虫低龄盛期喷洒25%灭幼脲悬浮剂4 000倍液、20%虫酰肼悬浮剂、4.5%高效氯氰菊酯乳油600倍液、2.5%高效氯氟氰菊酯乳油600倍液、1%甲氨基阿维菌素苯甲酸盐乳油1 000倍液或2.5%溴氰菊酯乳油1 000倍液等低毒、低残留化学农药。

草地螟

食叶性害虫

分类地位 草地螟（*Loxostege sticticalis* Linne）又名黄绿条螟、甜菜网螟、网锥额野螟。属鳞翅目螟蛾科。

为害特点 主要以幼虫为害，幼虫孵化后取食叶片叶肉，残留表皮，三龄后食量大增，将植株叶片啃食成孔洞和缺刻，严重时仅留叶脉，虫口密度大，也为害嫩茎等部位（图100）。

图100 草地螟幼虫为害状

形态特征

成虫：淡褐色，体长8 ～ 10毫米，前翅灰褐色，外缘有淡黄色条纹，翅中央近前缘有1个深黄色斑，顶角内侧前缘有不明显的三角形浅黄色小斑，后翅浅灰黄色，有两条与外缘平行的波状纹（图101）。

图101 草地螟成虫

卵：椭圆形，乳白色，有光泽，长0.8 ～ 1.2毫米，3 ～ 5粒或7 ～ 8粒卵串状排列成复瓦状的卵块（图102）。

幼虫：共5龄，老熟幼虫19 ～ 22毫米，头黑色有白斑，胸、腹部黄绿色或暗绿色，有明显纵行暗色条纹，周身有毛瘤，毛瘤部黑色，有两层同心的黄白色圆环（图103）。

蛹：长约15毫米，浅黄色。背部各节有14个赤褐色小点，排列于两侧，尾刺8根。

图102　草地螟卵

图103　草地螟幼虫

发生特点

发生代数	分布于我国北方地区，1年发生2 ~ 4代
越冬方式	以老熟幼虫在土内吐丝作茧越冬
发生规律	一般平均气温、降水量和相对湿度偏高的年份，往往有利于草地螟的大发生。长期高温干旱，或发蛾盛期持续低温，大发生的频率降低。成虫具有补充营养的习性，其发生期蜜源植物的多少决定着产卵量的大小。成虫发生期若蜜源植物丰富，雌蛾产卵量大，为害程度重。秋翻、春耕和深覆土可促进越冬幼虫死亡。越冬幼虫要求土壤干燥，冬灌把土壤含水量从5%提高到25%左右，可使其死亡率提高1 ~ 3倍
生活习性	成虫具远距离迁飞的习性，白天多潜伏在杂草丛中和麦田等作物田内，受惊扰后，可作高1米、长度3 ~ 7米的短距离飞移，20：00 ~ 23：00活动最盛。成虫具有群集性、趋光性，对黑光灯趋性强，但对糖醋液无趋性。成虫喜产于嫩绿多汁液、耐盐碱的杂草上。幼虫有吐丝结网的习性，通常三龄幼虫开始结网，一至二龄幼虫多群集于植物心叶内和叶背取食叶肉，残留表皮，食量小。五龄幼虫进入暴食期。幼虫有群集迁移习性，四至五龄幼虫吃尽一块作物后，迅速群集迁移到其他田块为害

防治适期

在草地螟幼虫三龄前防治效果最佳。

防治措施

1. 建立隔离带　挖沟、打药带隔离，阻止幼虫迁移为害；在某些龄期较大的幼虫集中为害的田块，当药剂防治效果不好时，可在该田块四周挖

沟或打药带封锁，防止扩散为害。

2.除草灭卵 在卵已产下，而大部分未孵化时，结合中耕除草灭卵，将除掉的杂草带出田外沤肥或挖坑埋掉。同时要除净田边地埂的杂草，以免幼虫迁入农田为害。在幼虫已孵化的田块，一定要先打药后除草，以免加快幼虫向农作物转移而加重为害。

3.化学防治 选用低毒、击倒力强，且较经济的农药进行防治。如25%氰·辛乳油每亩用量20～30毫升，5%氰戊菊酯、2.5%高效氯氟氰菊酯乳油2 000～3 000倍液，30%氰戊·马拉硫磷乳油2 000倍液。防治应在卵孵化始盛期后10天左右进行为宜，注意有选择地使用农药，尽可能的保护天敌。

4.防效调查 防治后需对不同类型防治田进行防效调查。防治田于防后3天，封锁带、隔离沟于药剂失效开始，检查幼虫密度并与防前同一类型田的虫量对比，计算防效。如幼虫密度仍大于30头/米^2，则需进行再次防治。

易混淆害虫 甜菜夜蛾和草地螟发生规律及生活习性相似。成虫夜间活动，多数对灯火和糖蜜有正趋性。白天隐藏于荫蔽处。蜜源植物丰富，有利于草地螟与甜菜夜蛾的发生。甜菜夜蛾和草地螟外形相似易混淆（图104）。但可从以下几个方面加以区别：

图104 草地螟成虫（左）与甜菜夜蛾成虫（右）

①草地螟成虫淡褐色，前翅灰褐色，外缘有淡黄色条纹，翅中央近前缘有一深黄色斑，顶角内侧前缘有不明显的三角形浅黄色小斑，后翅浅灰黄色，有2条与外缘平行的波状纹。甜菜夜蛾成虫口吻黄褐色；胸部茶褐

色，腹部深褐色。前翅深茶褐色，前缘及翅尖浅茶褐色，亚基线、内横线、外横线、亚外缘线黑褐色，呈波状或锯齿状，肾状纹淡红褐色，内具3条黑纹，肾状纹内侧有1条黑线。后翅黑褐色，中央有青蓝色带3条，带中有黑色横切线，外缘缘毛短，内缘簇生长缘毛。②草地螟成虫体长8～10毫米。甜菜夜蛾成虫体长28～32毫米，翅展65～71毫米。③草地螟卵呈椭圆形，长0.8～1.2毫米，为3～5粒或7～8粒串状粘成复瓦状的卵块。甜菜夜蛾卵呈扁圆形，长约1毫米，乳白色。卵面有若干放射状纵纹，纵纹之间又有横纹。④草地螟幼虫共5龄，老熟幼虫16～25毫米，一龄淡绿色，体背有许多暗褐色纹，三龄幼虫灰绿色，体侧有淡色纵带，周身有毛瘤。五龄多为灰黑色，两侧有鲜黄色线条。甜菜夜蛾老熟幼虫体长约60毫米。三龄前幼虫淡黄色，三龄后体色变化较大，一般可分为黄色和黑色两型。⑤草地螟蛹长14～20毫米，背部各节有14个赤褐色小点，排列于两侧，尾刺8根。甜菜夜蛾蛹长24～33毫米，体粗壮，初为棕色，后转为黑褐色。翅芽达第四腹节后缘。胸腹背面光滑；仅有少数刻点及短横线。腹部气门大，呈新月形，后胸气门则极小。腹端圆形，有2根粗壮的臀棘，先端钩状。

短额负蝗

食叶性害虫

分类地位 短额负蝗（*Atractomorpha sinensis*）又名中华负蝗、尖头蚱蜢、小尖头蚱蜢，属直翅目蝗科。

为害特点 以成虫、若虫取食植物的叶片成缺刻，严重时全叶被吃成网状，仅残留叶脉。

形态特征

成虫：雄虫体长17～29毫米，雌虫30～35毫米。绿色或黄褐色，棱形，头尖，绿色型自复眼起向斜下有一条粉红纹，触角至单眼距约等于触角第一节宽。复眼后沿头顶两侧具粉红色线，上有一列浅黄色瘤状突起。从头部到中胸背板两侧边缘有1条粉红色条纹和1列淡黄色瘤状突起。前翅超过腿端部分约占翅长1/3，后翅基部红色，端部淡绿色，后足腿节细长（图106）。

卵：长椭圆形，长3～4毫米，宽1～1.5毫米，黄褐色至深黄色，

中间稍凹陷，一端较粗钝，卵壳表面有鱼鳞状花纹，卵块产，卵囊有褐色胶丝裹成，卵粒倾斜排列成3 ～ 5行。

若虫：又称蝗蝻，共5龄。一龄蝗蝻黄绿色，散生疣粒，前、中足褐色；二至三龄蝗蝻体色渐变为绿色。五龄蝗蝻前胸背板向后方突出较大，似成虫（图105）。

图105　短额负蝗若虫

图106　短额负蝗成虫

发生特点

发生代数	华北地区1年发生1代，长江流域1年发生2代
越冬方式	以卵在沟边土中越冬
发生规律	常年在5月中下旬至6月中旬前后孵化，7 ～ 8月发育羽化为成虫。11月雌成虫在土层中产卵，以卵越冬。为害期5 ～ 10月
生活习性	成虫、若虫喜白天日出活动，上午11 ： 00以前和下午3 ： 00 ～ 5 ： 00取食最强烈，喜于地被多、湿度大、双子叶植物茂密的环境中生活，在灌渠两侧发生偏多。卵多产在比较平整且稍凹的洼地，土质较细、不紧不松、土壤湿度适中、杂草稀少的地区，深度平均为2.5厘米

防治适期　冬成虫盛发期和一代若虫一至二龄聚集期进行化学防治，可有效控制虫源，防止其大发生。

防治措施

1. 农业防治　在春、秋季节铲除田埂、地边5厘米以上的土块及杂草，可将卵块暴露在地面晒干或冻死，也可重新加厚田埂，增加盖土厚度，使孵化后的蝗蝻不能出土。在入冬前发生量多的沟、渠边，利用冬闲深耕晒垡，破坏越冬虫卵的生态环境，减少越冬虫卵。

2. 利用天敌 保护利用青蛙、蟾蜍、蜘蛛、蚂蚁、鸟类等捕食性天敌，一般发生年均可基本抑制该虫发生。

3. 生物药剂防治 在农牧交错区域的蝗区，使用生物制剂进行超低量喷雾防治，不但可以降低当年虫口密度，而且可以持续减少蝗虫种群数量。可选用蝗虫微孢子虫制剂或用绿僵菌、苦皮藤素、狼毒素等生物制剂。

4. 化学防治 可用40%辛硫磷乳油1 500倍液、2.5%溴氰菊酯乳油3 000倍液或5%定虫隆乳油1 000倍液喷防。在农田草场交错地带做1条60 ～ 100米的保护带，发生严重的农田进行全面喷药防治。施药时雾滴要细，喷雾要均匀，最好用机动喷雾机进行低容量喷雾。对作物进行喷药防治的同时，也要对田埂、地边的杂草进行喷药防治。

马铃薯块茎蛾

钻蛀性害虫

分类地位 马铃薯块茎蛾[*Phthorimaea operculella*（Zeller）]又称马铃薯麦蛾、烟潜叶蛾等，是一种重要的马铃薯仓储害虫。

马铃薯块茎蛾

为害特点 马铃薯块茎蛾为害茎、叶片、嫩尖和叶芽，被害嫩尖、叶芽往往干枯，幼苗受害严重时会枯死。幼虫可潜食于叶片之内蛀食叶肉，仅留上下表皮，叶片呈半透明状。幼虫为害块茎时，从芽眼附近钻入薯肉内，粪便排在洞外（图107）。

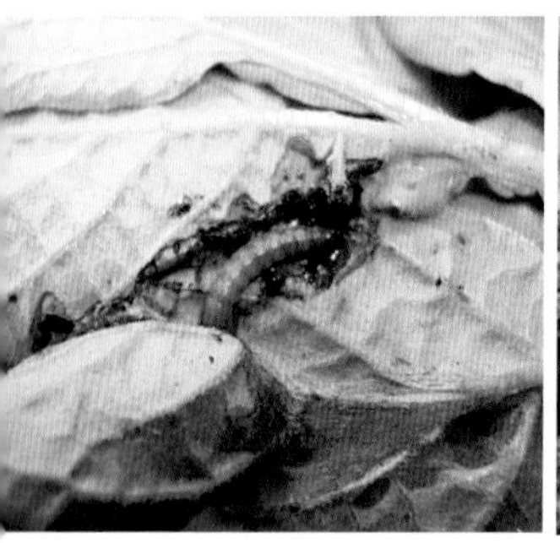

图107 马铃薯块茎蛾为害状

形态特征

成虫：灰褐色，稍带银灰光泽，体长5 ～ 6毫米，翅展14 ～ 16毫米。前翅狭长，鳞片黄褐色或灰褐色，翅尖略向下弯，臀角钝圆，前缘及翅尖色较深，翅中央有4 ～ 5个黑褐色斑点。雌虫翅臀区有显著的黑褐色大斑纹，两翅合并时形成 长斑纹。雄虫翅臀区无此黑斑，有4个黑褐色鳞片组成的斑点；后翅前缘基部具有1束长毛，1根翅缰。雌虫具3根翅缰。雄虫腹部外表可见8节，第七节前缘两侧背方各生一丛黄白色的长毛，毛从尖端向内弯曲（图108）。

卵：椭圆形，微透明，长约0.5毫米，初产时乳白色，微透明且带白色光泽，孵化前变黑褐色，带紫蓝色光亮。

幼虫：初孵幼虫体乳黄色，为害叶片后呈绿色。末龄幼虫体长11 ～ 13毫米，头部棕褐色，每侧各有单眼6个，胸节微红，前胸背板及胸足黑褐色，臀板淡黄。腹足趾钩双序环形，臀足趾钩双序弧形（图109）。

图108 马铃薯块茎蛾成虫

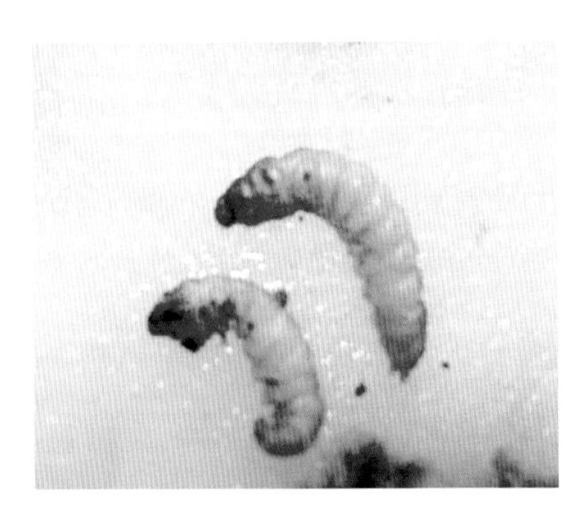

图109 马铃薯块茎蛾幼虫

蛹：棕色，长6 ～ 7毫米，宽1.2 ～ 2.0毫米，臀棘短小而尖，向上弯曲，周围有8根刚毛，生殖孔为一细纵缝，雌虫位于第八腹节，雄虫位于第九腹节。蛹茧灰白色，长约10毫米（图110）。

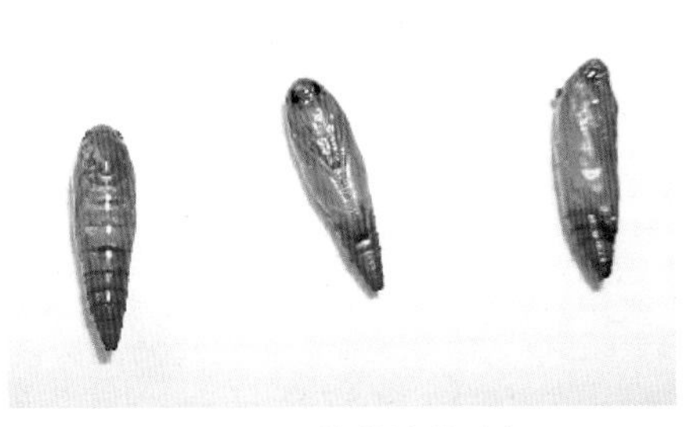

图110 马铃薯块茎蛾蛹

发生特点

发生代数	在西南各省1年发生6 ~ 9代
越冬方式	以幼虫或蛹在枯叶或贮存的块茎内越冬
发生规律	越冬代成虫于3 ~ 4月出现。雌蛾如获交配机会，多在田间烟草残株上产卵，如无烟草亦可产在马铃薯块茎芽眼、破皮裂缝及泥土等粗糙不平处，每雌产卵150 ~ 200粒，多者达1 000多粒。卵期4 ~ 20天，幼虫期7 ~ 11天，蛹期6 ~ 20天。第一代全期50天左右
生活习性	成虫夜出，有趋光性。卵产于叶脉处和茎基部，薯块上卵多产在芽眼、破皮、裂缝等处；幼虫孵化后四处爬散，吐丝下垂，随风飘落在邻近植株叶片上潜入叶内为害，在块茎上则从芽眼蛀入

防治适期 严格植物检疫，发生地区需抓住幼虫钻蛀前期、老熟幼虫爬出化蛹期及成虫羽化后喷药防治。

防治措施

1. **严格植物检疫** 不从发生区调进马铃薯，必须调运时，需经过熏蒸处理，杀死马铃薯块茎蛾，以免将虫带出发生区。

2. **农业防治** 实施与非寄主作物轮作，可压低或减免为害，同时，要及时清洁田园。

3. **物理防治** 利用成虫的趋光性，安装杀虫灯，诱杀成虫。

4. **生物防治** 有研究证明，利用斯氏线虫防治马铃薯块茎蛾有良好效果，每条马铃薯块茎蛾幼虫上的致病体达120个以上时，3天内可使幼虫死亡率达97.8%，从每条幼虫产生的有侵染力的线虫幼虫数最高达1.3万～1.7万。

5. **化学防治** 在成虫盛发期用2.5%溴氰菊酯乳油2 000倍液喷雾，对有虫的种薯，用二硫化碳熏蒸。

黄蚂蚁

地下害虫

分类地位 黄蚂蚁[*Monomorium pharaonis*（L.）]又称黄蚁、黄丝蚂蚁，属膜翅目军团蚁亚科。

为害特点 主要为害马铃薯的块茎，使茎叶枯黄致死（图111）。马铃薯块茎表面可被啃食成凹凸不平状，内形成孔洞，严重时块茎内部完全被食空，失去经济价值，同时还会引起其他病害的发生。

形态特征

成虫：工蚁有大小两种，大型工蚁体长5～6毫米，体褐色至栗褐色，腹部较胸部淡，头近方形或矩形，后缘深凹，额中央具有一条纵沟；触角9节上颚内缘有2齿，无单、复眼，腹柄节1节，胸部及腹柄节背面扁平。小型工蚁体长2.5～3毫米，体蜜黄色，额中央无纵沟（图112）。雄蚁有2对翅，黄色透明，体长17～23毫米，体表密生黄毛。

卵：长椭圆形，长约1毫米，乳白色。

幼虫：长约2毫米，米黄色。

蛹：椭圆形，长4毫米，米黄色。

图111 茎叶枯黄致死

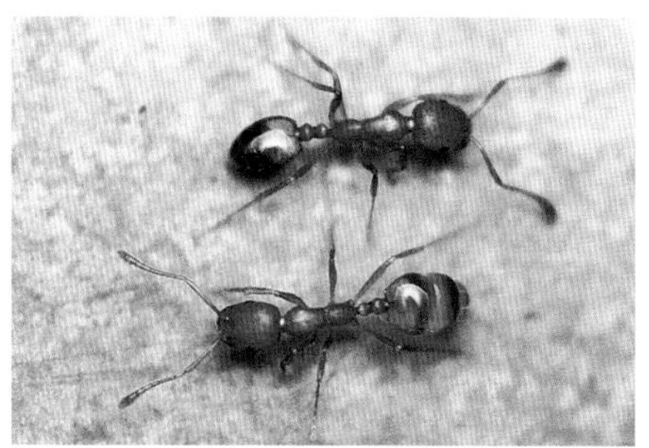

图112 黄蚂蚁工蚁

发生特点

发生代数	工蚁在南方地区可周年发生为害，在北方主要在春、秋两季发生为害，保护地可全年发生
越冬方式	黄蚂蚁是变温动物，一年四季均可活动，无越冬期
发生规律	10月以后室外气温下降，室内有暖气时，工蚁出巢活动的数量急剧增加，高峰期在10月至翌年2月，诱捕蚂蚁的数量占全年的60%
生活习性	有翅雄蚁具趋光性，卵多产于寄主茎基部3～5毫米处。在寄主根部土表用泥作成“蚁丘”，在地表下面形成“地道”，成群迁移时多经“地道”。多群集于植株根茎部地面上、下3毫米内的根或块茎上为害取食

防治适期

提前预防，采用拌毒土或毒饵防治。

防治措施

1.农业防治 彻底铲除田间周围的小飞蓬、香丝草等杂草，清除田间植株残体；施用的有机肥必须充分腐熟，尤其是猪粪，以免诱集黄蚂蚁。

2. 化学防治 生长期间，可用90%晶体敌百虫与石灰按1 ∶ 1混合后，加水兑成4 000倍液灌根，每窝灌药液0.5千克左右，在采收前7天停止用药。也可每亩用40%辛硫磷乳油50 ～ 60克兑水50 ～ 60千克灌根。也可用蚂蚁净、蚂蚁蟑螂灵等药剂，堆放在蚂蚁洞附近诱杀，每堆1 ～ 2克。

大地老虎

地下害虫

分类地位 大地老虎（*Agrotis tokionis* Butler）俗称地蚕、土蚕、夜盗虫等，属于鳞翅目夜蛾科。

为害特点 低龄幼虫在植物的地上部为害，取食子叶、嫩叶，造成孔洞或缺刻。幼虫从三龄末起晚上出洞取食植物近土面的嫩茎，使植株枯死，造成缺苗断垄，甚至毁苗重播，直接影响生产（图113）。此外，幼虫还可钻蛀为害茄子 、辣椒果实及大白菜、甘蓝的叶球，并排出粪便，引起腐烂，从而影响商品质量。

图113 马铃薯枯死株及块茎被害状

形态特征

成虫：体长20 ～ 23毫米，翅展52 ～ 62毫米。前翅暗褐色，肾状纹、环状纹和楔状纹比较明显，外缘有很宽的黑褐色边（图114）。

卵：半球形，初为淡黄色，后期为灰褐色。

幼虫：体长41 ～ 61毫米，黄褐色，体表颗粒不明显。除腹部末端刚毛附近黄褐色外，几乎全部为整块深色斑（图115）。

图114 大地老虎成虫

图115 大地老虎幼虫

蛹：长23 ~ 29毫米，黄褐色。

发生特点

发生代数	1年发生1代
越冬方式	以低龄幼虫在土表或草丛潜伏越冬
发生规律	生长适温15 ~ 25℃，越冬幼虫在4月开始活动为害，6月中下旬老熟幼虫在土壤3 ~ 5厘米深处筑土室越夏，越夏幼虫至8月下旬化蛹，9月中下旬羽化为成虫，每头雌虫产卵量648 ~ 1 486粒，卵散产于土表或生长幼嫩的杂草茎叶上，孵化后，常在草丛间取食叶片，如气温上升到6℃以上时，越冬幼虫仍活动取食，抗低温能力较强，在–14℃情况下越冬幼虫很少死亡
生活习性	成虫夜出，有较强趋光性，一般在地表、地表枯落叶和杂草上产卵，卵散产。初孵幼虫一般从第二天开始啃食叶肉，形成小孔，随虫龄增大造成叶片缺刻，可咬断幼茎

防治适期

二至三龄幼虫盛发期。

防治方法

1. **加强预测预报** 通常的方法是利用黑光灯或糖醋液，如平均每天每点诱蛾5 ~ 10头，则表明进入发蛾盛期，高峰期后20 ~ 25天即为二至三龄幼虫盛发期，即防治适期，如诱蛾器连续2天诱蛾量在30头以上，则表明将趋于大发生。

2. **田园清洁** 早春清除田块周边杂草是防治小地老虎重要环节，清除田块周边杂草可有效地减少成虫产卵量。如除草前发现已产卵，先喷药后再除草，防止幼虫钻入土中。

3. **诱杀** ①灯光诱杀。使用黑光灯或频振式杀虫灯诱杀成虫。②糖醋液诱杀。配制糖醋液诱杀成虫，配制方法为：糖6份、醋3份、白酒1份、水10份、90%敌百虫1份。某些发酵变酸的食物，如甘薯、胡萝卜、烂水果等加入适量药剂也可诱杀成虫。③堆草诱杀幼虫。选择小地老虎喜食的灰菜、刺儿菜、小旋花、苜蓿、艾蒿、青蒿、白茅、苦荬菜等杂草制成草堆，诱集小地老虎幼虫。④毒饵诱杀。可选用秕谷、麦麸、豆饼、棉籽或碎玉米等中的一种，每千克拌入90%敌百虫30倍液制成毒饵进行诱杀。⑤使用多功能房屋型诱捕器诱杀成虫。

4. 化学防治 在幼虫三龄前，可用50%辛硫磷乳油150 ~ 200克兑水200千克灌根，或用90%晶体敌百虫70克、20%氰戊菊酯乳油20毫升、50%辛硫磷乳油70毫升等兑水50 ~ 60千克喷雾。

小地老虎

地下害虫

分类地位 小地老虎（*Agrotis ypsilon* Rottemberg）俗称地蚕、土蚕、夜盗虫等，属于鳞翅目夜蛾科。

为害特点 参照大地老虎。

形态特征

成虫：体长16 ~ 23毫米，翅展42 ~ 54毫米。前翅暗褐色，肾状纹、环状纹和棒纹位于其中，且这几条纹均有黑边。肾状纹外有明显的楔形黑斑，亚缘线上有尖端向内的2个楔形黑斑。后翅颜色很淡，翅缘黑褐色，翅脉灰白色（图116）。

图116　小地老虎成虫

图117　小地老虎幼虫

卵：半球形，表面有隆起的线纹，初为乳白色，孵化前成灰褐色。

幼虫：共6龄。体长41 ~ 50毫米，为扁平状，体色为黄褐色至黑褐色，体表布满龟裂状皱纹和黑色颗粒。腹部末节有一对对称的褐色纵带（图117）。

蛹：红褐色或暗褐色，长18 ~ 24毫米，腹端有1对臀棘。

发生特点

发生代数	我国1年发生1 ~ 7代
越冬方式	在长江流域能以老熟幼虫、蛹及成虫越冬，在广西、广东、云南等南方地区无越冬现象
发生规律	成虫具有很强的远距离迁飞能力。成虫昼伏夜出，白天潜伏于土缝、杂草丛或其他隐蔽处，夜间活动，交配产卵，卵多产于5厘米以下矮小杂草上，尤其在贴近地表的叶背或嫩茎上，卵散产或堆产，平均每雌产卵800 ~ 1 000粒。幼虫三龄前在地面、杂草或寄主幼嫩部位取食，三龄后夜间出来为害，动作敏捷。喜温暖及潮湿的条件，最适发育温区为13 ~ 25℃
生活习性	幼虫有假死性，受到惊扰时会缩成环。三龄后开始自相残杀。成虫对黑光灯和糖醋液具有强烈的趋性

防治适期 二至三龄幼虫盛发期。

防治方法 参照大地老虎。

八字地老虎

地下害虫

分类地位 八字地老虎（*Xestia c-nigrum* Linnaeus）俗称地蚕、土蚕、夜盗虫等，属于鳞翅目夜蛾科。

为害特点 参照大地老虎。

形态特征

成虫：体长约16毫米，翅展35 ~ 40毫米。触角纤毛状。前翅环状纹向上至翅前缘为三角形大白斑，肾状纹浅褐色，下有黑边。后翅灰白色，外缘褐色（图118）。

卵：半球形，初为淡黄色，后期为灰褐色。

幼虫：体长30 ~ 40毫米，头部有一对“八”字黑斑纹（图119）。

蛹：长23 ~ 29毫米，腹部第三至五节较中胸和第一、二节粗。

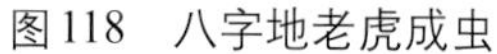
图118　八字地老虎成虫

图119　八字地老虎幼虫

发生特点

发生代数	在西藏林芝、吉林延边一年发生2代
越冬方式	以老熟幼虫及蛹在土中越冬
发生规律	在西藏林芝，越冬幼虫2月上旬开始活动，3月下旬化蛹。越冬代成虫5月中旬为盛发期，9月中旬为第二代盛发期。在延边地区，第一代幼虫为害盛期在5月中、下旬，5月中旬开始化蛹，6月上、中旬为第二代羽化盛期
生活习性	成虫有较强趋光性，对香甜物质特别嗜好。卵多散产在杂草接近地面部位的茎叶上或地面落叶和土缝中。土壤肥沃而湿润的地块产卵较多。初孵幼虫常群集于幼苗上啃食嫩叶。幼虫三龄以前昼夜活动，三龄以后白天在表土的干湿层间潜伏，夜间活动取食，常咬断幼苗嫩茎拖入土穴内咬食

防治方法 参照大地老虎。

蛴螬

地下害虫

分类地位 蛴螬是金龟甲总科幼虫的通称，俗称白土蚕。

为害特点 喜食刚播种的种子、根、茎及幼苗。造成幼苗枯死，田间缺苗断垄（图120），块茎受害后，咬食成缺刻或孔洞，引起腐烂。成虫具有飞行能力，可咬食叶片（图121）。

形态特征 体色多为白色，少数为黄白色，体肥大，静止时呈C形。头部黄褐色，上颚显著，腹部肿胀。体壁较柔软多褶皱，体表疏生细毛，生有左右对称的刚毛（图122）。

图120　蛴螬为害状

图121　蛴螬成虫

图122　蛴螬

发生特点

发生代数	不同蛴螬种类完成1代所需时间不同，一般为1年1代，或2 ~ 3年1代，时期长的达5 ~ 6年1代
越冬方式	以幼虫和成虫在土壤中越冬
发生规律	蛴螬的活动与土壤温、湿度关系密切，研究显示，当地表下10厘米土地温达5℃时开始上升至表土层，在13 ~ 18℃时活动最盛，23℃以上则往深土中移动，至秋季土温下降到其适宜温度范围时再向上层土壤移动，土壤湿润则活动性强
生活习性	幼虫具有假死性，成虫有夜出性和日出性之分，夜出性种类夜晚取食为害，且大多数具有不同程度的趋光性

防治适期 虫口基数调查显示每平方米有2头以上蛴螬时，应立即采取防治措施。

防治措施

1. 加强预测预报 蛴螬属土栖昆虫，生活、为害于地表下，隐蔽性强，并主要在马铃薯苗期为害猖獗，一旦发现受害，往往已错过防治适期，为此必须加强预测预报工作，虫口基数调查一般在在秋后至播种前进行，选择有代表性地块，采取双对角线或棋盘式定点，每10 000米^2 2 ~ 3样点，每点查1米^2，掘土深度30 ~ 50厘米，检查土中蛴螬种类、发育期、数量、入土深度等，统计每平方米的平均头数，如每平方米中有蛴螬2头以上，即应立即采取防治措施。

2.农业防治 对于蛴螬发生重的地块，在深秋或初冬翻耕土壤，深翻的过程中可以直接消灭一部分蛴螬，同时将大量的蛴螬暴露于地表，使其冻死或风干或被天敌啄食、寄生等。避免施用未腐熟的厩肥，减少害虫卵基数。

3.物理防治 利用成虫趋光性，设置黑光灯或频振式杀虫灯在夜间诱杀；利用成虫假死性，在清晨或傍晚振动树枝捕杀成虫；使用多功能房屋型诱捕器诱杀成虫。

4.生物防治 播种期可应用Bt粉剂(100亿芽孢/克)按药种比1 ∶ 10的比例拌种，对蛴螬具有较好的防治效果。在作物生长期，每亩利用Bt粉剂（100亿芽孢/克）0.5千克进行灌根，防治蛴螬。

5.化学防治 将种子与18%辛硫磷微胶囊悬浮种衣剂2 000倍液按1 ∶ 10拌种，也可在播种前将辛硫磷药剂均匀喷洒到地面，然后翻耕或将药剂与土壤混匀；或播种时将药剂与种子混播。

温馨提示

药剂处理种子方法简便，是保护种子和幼苗免受蛴螬为害的有效方法，这种方法用药量最低，因而对环境的影响也最小。目前我国主要推选液剂拌种(湿拌)，提倡微囊悬浮剂拌种。微囊悬浮种衣剂拌种省时、省工，残效期较长。

沟金针虫

地下害虫

分类地位 沟金针虫[*Pleonomus canaliculatus* (Faldermann)]俗称节节虫、铁丝虫、钢丝虫、土蚰蜒、芨芨虫等，是沟线角叩甲或沟叩头虫的幼虫，属鞘翅目叩头甲科。

为害特点 沟金针虫为多食性昆虫，寄主范围十分广泛。幼虫在土中钻蛀种薯块茎、取食种薯、萌发的幼芽及植株根部，植株受害后逐渐萎蔫至枯萎致死。也有幼虫钻蛀块茎，在块茎内形成蛀道，使块茎失去商品价值。

形态特征

成虫：雌虫体长14 ~ 18毫米，深紫色或栗褐色；雄虫瘦扁，触角长丝状；雌虫阔壮，触角短，锯齿状，无后翅（图123）。

卵：椭圆形，长约0.7毫米，宽约0.6毫米，乳白色。

幼虫：老熟幼虫体长20 ~ 30毫米，宽约4毫米，细长筒形略扁，体壁坚硬而光滑，具黄色细毛，体黄色，前头和口器暗褐色，头扁平，胸、腹部背面中央呈一条细纵沟（图124）。

蛹：纺锤形，长15 ~ 22毫米，宽3.5 ~ 4.5毫米，化蛹初期体淡绿色，后渐变为深色。

图123　沟金针虫成虫

图124　沟金针虫

发生特点

发生代数	一般3年完成1代
越冬方式	以成虫和幼虫在15 ~ 40厘米深的土中越冬，最深可达100厘米
发生规律	沟金针虫适宜生活于旱地。但对水分也有一定的要求，其适宜的土壤湿度为15% ~ 18%。在干旱平原，如春季雨水较多，土壤墒情较好，为害加重。如3 ~ 4月表土过湿，幼虫也向深处移动
生活习性	成虫昼伏夜出，傍晚爬出土面交配、产卵，黎明前潜回土中。雄虫出土迅速，活跃，有趋光性，飞翔力较强，但只作短距离飞翔。卵散产，产在土下3 ~ 7厘米深处。幼虫期全部在土壤中度过，随季节变化而上下迁移为害。沟金针虫有夏眠习性

防治适期 提前预防，采用拌毒土或毒饵防治。

防治措施

1. 农业防治 有条件地区可进行水旱轮作。在金针虫发生严重地块，合理灌溉，促使金针虫向土层深处转移，避开幼苗最易受害时期。此外要精耕细作，深耕多耙，杀灭虫源。也可用薄膜覆盖让农家肥充分腐熟，防止金针虫成虫在粪堆产卵，以降低虫口数量。

2. 物理防治 利用沟金针虫成虫的趋光性，于成虫发生期设置杀虫灯诱杀成虫。

3. 化学防治

①土壤处理。播种前每亩用50%辛硫磷乳油100 毫升加水0.5千克，或25%辛硫磷微胶囊缓释剂每亩1 ～ 2千克混入过筛的细干土20千克拌匀施用。②毒饵。苗期可用90%晶体敌百虫0.5千克加水5千克与适量炒熟的麦麸（亩用麦麸5千克）或豆饼混合制成毒饵，于傍晚撒入幼苗基部，利用地下害虫昼伏夜出的习性将其杀死。建议在虫口密度较大、为害程度较重时选用此方法。③药剂拌种。用50%辛硫磷乳油或50%甲基异柳磷乳油，按种子量的0.2%拌种。④根部灌药。在苗期有沟金针虫为害时，可每亩用50%辛硫磷乳油100毫升对水100千克灌根，每隔8 ～ 10天灌根1次，连灌2 ～ 3次。

细胸金针虫

地下害虫

分类地位 细胸金针虫（*Agriotes fuscicollis* Miwa）的俗称与沟金针虫一样，其成虫称为细胸锥尾叩甲或细胸叩头虫，属鞘翅目叩头甲科。

为害特点 参考沟金针虫。

形态特征

成虫：体长8 ～ 9毫米，宽约2.5毫米。体细长，暗褐色，略具光泽。触角红褐色，第二节球形。前胸背板略呈圆形，长大于宽，后缘角伸向后方。鞘翅长约为胸部的2倍，上有9条纵列的刻点。足红褐色。

卵：乳白色，圆形，大小为0.5 ～ 1.0毫米。

幼虫：老熟幼虫体长约23毫米，体宽约1.3毫米，体细长，圆筒形，淡黄色，有光泽。臀节圆锥形，背面近前缘两侧各有褐色圆斑1个，并有4条褐色纵纹（图125）。

蛹：纺锤形，长8 ~ 9毫米，化蛹初期体乳白色，后变黄色；羽化前复眼黑色，口器淡褐色，翅芽灰黑色。

图125 细胸金针虫

发生特点

发生代数	一般2年完成1代
越冬方式	以成虫和幼虫在20 ~ 50厘米深的土中越冬
发生规律	土壤水分充足是细胸金针虫发生、分布和为害猖獗必不可少的条件；喜欢微偏酸性的土壤，主要发生在黏土地；深翻土壤、精耕细作的地块，一般发生为害较轻
生活习性	成虫白天多潜伏在地表土缝中、土块下或作物根丛中。黄昏后出土在地面上活动。具有负趋光性和假死性。对稍萎蔫的杂草有极强的趋性，故喜欢在草堆下栖息、活动和产卵。幼虫期全部在土壤中度过，随季节变化而上下迁移为害。初孵幼虫活泼，自相残杀习性较烈，老龄幼虫大为减弱

防治适期 提前预防，采用毒土或毒饵防治。

防治措施 参考沟金针虫。

单刺蝼蛄

地下害虫

分类地位 单刺蝼蛄（*Grgllotalpa unispina* Saussure）又叫华北蝼蛄，俗名耕狗、拉拉蛄，属直翅目蝼蛄科。

为害特点 成虫、若虫啃食新播种的种子，使种子无法发芽；还会咬断幼苗的嫩茎，导致幼苗根部透风，与土壤分离，最终使幼苗因缺水干枯而死；而对于成熟的植物，则会将植物根咬成丝状，使植物因无法吸收营养而发育不良。

形态特征

成虫：雌虫体长45 ~ 66毫米，头宽约9毫米；雄虫体长39 ~ 45毫米，头宽约5.5毫米。体黄褐色，全身密被黄褐色细毛。头部暗褐色，头中央有3个单眼，触角鞭状。前胸背板盾形，背中央有1个心脏形、凹陷、不明显的暗红色斑。前翅黄褐色，长14 ~ 16毫米，覆盖腹部不到一半；

后翅长远超越腹部，达尾须末端。足黄褐色，前足发达（图126）。

卵：椭圆形。初产时为黄白色，后变为黄褐色，孵化前呈深灰色。

若虫：共13 龄。初孵若虫体长约3.5毫米，末龄若虫体长约41.2毫米。初孵时体乳白色，以后体色逐渐加深，复眼淡红色，头部淡黑色；前胸背板黄白色，腹部浅黄色，二龄以后体黄褐色，五龄后基本与成虫同色，体形与成虫相仿，仅有翅芽。

图126　单刺蝼蛄成虫

发生特点

发生代数	完成一个世代约需3年
越冬方式	成虫或若虫在土表以下60 ～ 160厘米深处单头分散越冬
发生规律	土深10 ～ 20厘米处，土温为16 ～ 20℃、土壤含水量为22% ～ 27%，有利于蝼蛄活动，土壤含水量小于15%时，其活动减弱；在雨后和灌溉后常使蝼蛄为害加重；所以，在春、秋季节有两个为害高峰
生活习性	成虫昼伏夜出，21 ：00 ～ 23 ：00为活动取食高峰。成虫具有强烈的趋光性，且对香、甜的物质气味有趋性，特别嗜食煮至半熟的谷子、棉籽及炒香的豆饼、麦麸等；对马粪、有机肥等未腐熟有机物也具有趋性。喜欢栖息在河岸、渠旁、菜园地及轻度盐碱潮湿地。有群集特点，初孵若虫群集、怕光、怕风、怕水。一至二龄若虫仍为群居，三龄后才分散为害

防治适期

提前预防，采用毒土或毒饵防治。

防治措施

1. 农业防治　菜地要尽量深耕多耙和晒垡，施用的有机肥要充分腐

熟，有条件的地方要尽量实行水旱轮作。蝼蛄巢穴上部有隆起的虚土，可人工挖开巢穴灭虫灭卵。

2. 土壤处理保苗 在蝼蛄为害严重的地块，每亩用5%辛硫磷颗粒剂4～5千克，直播地块在耙地作畦前均匀撒施，使农药与土壤充分混合；移栽菜地可将农药与30～40千克细沙土拌匀后，于移栽前穴施或沟施，并与移栽处的土壤适当混合后再移栽、浇水。也可每亩用2.5%敌百虫粉剂8～10千克与90～100千克细沙土拌匀制成毒土，或选用50%辛硫磷乳油400～500克、80%敌敌畏乳油400～500克、10%氯氰菊酯乳油200～300克，加适量水稀释后与90～100千克细沙土拌匀制成毒土，在菜苗移栽时施于根茎周围预防虫害。

3. 杀虫灯诱杀 在夏秋季无风闷热的夜晚，可利用太阳能杀虫灯或频振式杀虫灯、黑光灯等各种灯光诱杀成虫。夜间开灯，白天关灯，可同时兼灭多种害虫。采用杀虫灯诱杀的同时，如能结合地面人工捕捉则效果更好。

4. 畜禽粪诱杀 可在菜地挖长、宽约30厘米，深约20厘米的土坑，土坑内堆集湿润未腐熟的马粪、猪粪、牛粪、鸡粪等畜禽粪并盖草，以诱集蝼蛄，每天清晨予以人工捕杀。

5. 毒饵诱杀 在华北蝼蛄主要发生为害期，每亩用5千克麦麸或菜饼、豆饼、花生饼、棉饼炒香，或者将5千克秕谷用水煮沸，捞起晾至半干，再用90%敌百虫晶体、50%辛硫磷乳油或40%乐果乳油100～150克兑水4～5千克拌匀，分撒在蝼蛄活动的隧道处，也可每隔一定距离放一小堆，以诱杀成虫和若虫。如果在每亩所用药液中加入白酒50克和白砂糖250克，可大幅提高防治效果。

东方蝼蛄

地下害虫

分类地位 东方蝼蛄（*Grylloralpa orientalis* Burmeister）俗名耕狗、拉拉蛄，属直翅目蝼蛄科。

为害特点 参照单刺蝼蛄。

形态特征

成虫：雌虫体长31～35毫米，雄虫体长30～32毫米。体淡灰褐色或淡灰黄色，全身密被细毛。头圆锥形，暗褐色。触角丝状，黄褐色。复眼红褐色，单眼3个。前胸背板从上面看呈卵形，背中央凹陷长约5毫米。前翅灰褐色，长约12毫米，覆盖腹部达一半；后翅卷缩如尾状，长25 ~ 28毫米，超越腹部末端。前足发达，其腿节下缘正常，较平直（图127）。

图127　东方蝼蛄成虫

卵：椭圆形。初产时乳白色，渐变为黄褐色，孵化前暗紫色。

若虫：一般有8 ~ 9龄。初孵若虫体长约4毫米，末龄若虫体长约25毫米。若虫初孵化时体乳白色，复眼淡红色，数小时后头、胸、足渐变为暗褐色，并逐步加深，腹部浅黄色。第三龄若虫初见翅芽，第四龄时翅芽长达第一腹节，末龄若虫翅芽长达第三、四腹节。

发生特点

发生代数	少数为1年1代，跨过两个年度，整个生活史约390天；绝大多数为2年1代，跨3个年度，整个生活史为740天
越冬方式	与单刺蝼蛄相似
发生规律	与单刺蝼蛄相似
生活习性	与单刺蝼蛄相似。但东方蝼蛄比单刺蝼蛄更喜湿，且东方蝼蛄孵化后3 ~ 6天群集在一起，以后分散为害

防治适期 提前预防，采用毒土或毒饵防治。

防治措施 参照单刺蝼蛄。

豌豆潜叶蝇

潜叶性害虫

分类地位 豌豆潜叶蝇[*Chromatomyia horticola*（Goureau）]又名豌豆彩潜蝇，属双翅目潜蝇科。

为害特点 该虫除为害马铃薯外，还为害豌豆、荷兰豆、蚕豆、扁豆、菜心、白菜、结球莴苣、苦菜、樱桃萝卜、番茄、西瓜等多种作物。主要以幼虫在叶片组织中蛀食叶肉，只留上、下表皮，形成迂回曲折的白色隧道，发生严重时全株枯萎，从而影响马铃薯品质与产量。成虫吸食汁液和刺伤植株产卵，在叶片上留下许多白色枯死点（图128）。

图128 豌豆潜叶蝇为害状

形态特征

成虫：雌虫体长2.3 ~ 2.7毫米，翅展6.3 ~ 7.0毫米；雄虫体长1.8 ~ 2.1毫米，翅展5.2 ~ 5.6毫米。体青灰色，无光泽，被有稀疏的刚毛。复眼椭圆形，红褐色至黑褐色。触角黑色，3节。中胸背板、小盾片黑灰色。平衡棒黄白色。腹部灰黑色，但各节背板及腹板的后缘为暗黄色。雌虫腹部末端有粗壮而漆黑色的产卵器；雄虫腹部末端有1对明显的抱握器（图129）。

卵：长卵圆形，长0.3 ~ 0.33毫米，一端有小而突出的卵孔区。颜色灰白而略透明，卵壳薄而柔软，外表光滑，无固定结构。当胚胎发育到后期，透过卵壳可见到幼虫的黑色口器（图130）。

图129　豌豆潜叶蝇成虫

图130　豌豆潜叶蝇幼虫

图131　豌豆潜叶蝇蛹

幼虫：蛆形，共3龄。初孵幼虫乳白色，透明，取食后变为黄白色，前端可见黑色能伸缩的口钩。

蛹：围蛹，长椭圆形而略扁。长2.1 ～ 2.6毫米，宽0.9 ～ 1.2毫米。蛹的颜色随着发育而由乳白色变为黄色、黄褐色或黑褐色（图131）。

发生特点

发生代数	华北地区1年5代，江西12 ～ 13代，广东近20代
越冬方式	以蛹在叶片内越冬，在秦岭以南至长江流域少数幼虫、成虫也可越冬
发生规律	成虫寿命一般7 ～ 20天，每雌产卵45 ～ 98粒，卵期8 ～ 11天。幼虫孵化后即潜入叶片中蛀食叶肉。幼虫期5 ～ 14天，共3龄，老熟后在蛀道末端化蛹，蛹期5 ～ 16天。早春气温回暖后虫口数量逐渐上升，春末夏初为猖獗为害时期
生活习性	成虫白天活动，吸食花蜜，也可在寄主叶面吸食汁液，形成许多不规则小白点，对甜液有较强的趋性，补充营养后产卵，卵散产，多产于叶背边缘叶肉上，尤以叶尖居多

防治适期 田间虫株率达70%以上。选择低龄幼虫期（虫道长度差在2厘米以下）开展药剂防控。

防治方法

1. 农业防治　早春及时清除田内和周边杂草及带虫老叶，收获后及时

进行田园清洁，妥善处理带有幼虫和蛹的叶片，减少虫口数量。

2. 物理防治 在越冬代成虫羽化盛期，自制诱杀剂点喷部分植株以诱杀成虫。诱杀剂用甘薯或胡萝卜煮成汁液，加0.05%敌百虫可溶粉剂相配，每隔3 ～ 5天点喷一次，连喷5 ～ 6次。

3. 生物防治 豌豆潜叶蝇的天敌较多，如瓢虫、椿象、蚂蚁、草蛉、蜘蛛等，保护利用天敌能有效控制种群数量。

4. 化学防治 田间虫株率达70%以上，选择低龄幼虫期（虫道长度在2厘米以下）开展药剂防控。可选择的药剂有1.8%虫螨克乳油2 500 ～ 3 000倍液、50%灭蝇胺乳油4 000 ～ 5 000倍液等，注意药剂轮换、交替使用。

美洲斑潜蝇

潜叶性害虫

分类地位 美洲斑潜蝇（*Liriomyza sativae* Blanchard），属双翅目潜蝇科斑潜蝇属。

为害特点 主要以幼虫潜入叶片为害，取食叶肉，形成许多不规则的蛇形弯曲隧道，多为白色，隧道内有交替排列整齐的黑色粪便，1头老熟幼虫1天可潜食3厘米左右，受害严重的叶片被钻花、干枯并脱落；成虫会刺破叶片表皮，进行产卵和取食，形成针尖大小近圆形白色坏死的产卵点和取食点（图132）。

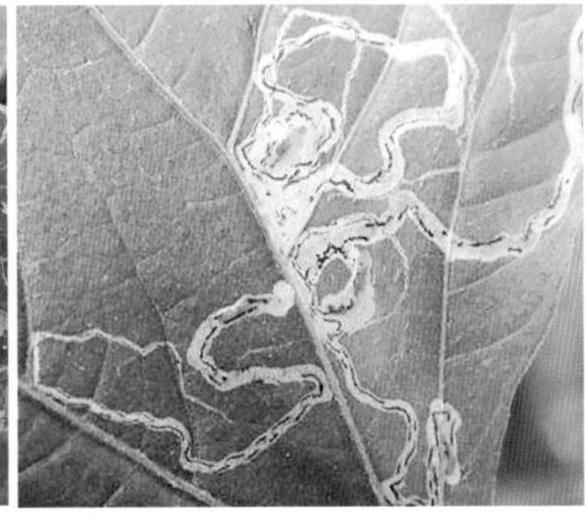

图132 美洲斑潜蝇为害状

形态特征

成虫：体长1.3 ~ 2.3毫米，翅长1.3 ~ 2.3毫米。淡灰黑色，额鲜黄色，小盾片鲜黄色至金黄色，前盾片和盾片黑色，有光泽，触角第三节黄色，中胸背板黑色发亮，足基节和腿节鲜黄色。雌虫体长稍长于雄虫（图133）。

卵：呈椭圆形，米黄色，半透明。

幼虫：蛆状，初透明，后变为鲜黄或橙黄色，体长约3毫米，后气门突呈圆锥状突起，顶端三分叉，各具1开口。

蛹：椭圆形，米黄色或橙黄色，腹部稍扁平（图134）。

图133　美洲斑潜蝇成虫

图134　美洲斑潜蝇蛹

发生特点

发生代数	在北方年发生8 ~ 9代
越冬方式	在较寒冷地区以蛹在树基周围的土壤内、石块下、枯枝落叶层中、寄主附近的杂草上越冬，在较温暖的南方可周年为害
发生规律	卵期2 ~ 5天，幼虫期4 ~ 7天，蛹期7 ~ 14天，每世代夏季2 ~ 4周、冬季6 ~ 8周
生活习性	成虫具有趋光性、趋绿性和趋化性

防治适期 参照豌豆潜叶蝇。

防治方法 参照豌豆潜叶蝇。

南美斑潜蝇

潜叶性害虫

分类地位 南美斑潜蝇[*Liriomyza huidobrensis*（Blanchard）]又名拉美斑潜蝇、拉美豌豆斑潜蝇等，属双翅目潜蝇科。

为害特点 南美斑潜蝇已明确的寄主植物有39科287种，包括十字花科、伞形花科、葫芦科、菊科、茄科、豆科等，其中马铃薯是其重要的寄主之一。以幼虫和成虫为害。幼虫在叶片中潜食叶肉，形成弯曲较宽的虫道，沿叶脉伸展，但不受叶脉限制，若干虫道连成一片形成一个取食斑，叶片受害后期枯黄死亡。同时为害嫩茎，在表皮下纵向取食，致使植株生长缓慢，重者茎尖枯死，也为害叶柄。成虫用产卵器把卵产在叶中，刺破叶片表皮，形成较粗大的产卵点和取食点，致使叶片水分散失，生理机能受抑制。

形态特征

成虫：体长1.3 ~ 1.8毫米，较美洲斑潜蝇稍大。额黄色，侧额上面部分较黑，内、外顶鬃均着生于黑色区域，触角第三节一般棕黄色，中胸背板黑色有光泽，小盾片黄色，翅长1.7 ~ 2.2毫米，雄虫外生殖器的端阳体与中阳体仅以膜囊相连，足基节黑黄色，腿节基色为黄色，有大小不一的黑纹，内侧有黄色区域，胫节和跗节黑色，有时也呈棕色（图135）。

卵：椭圆形，微透明乳白色状。

幼虫：初孵时呈透明状，后变为乳白色，个别略显黄色，老熟后体长2.3 ~ 3.2毫米，后气门每侧具6 ~ 9个孔突和开口。

蛹：淡褐色至黑褐色，腹面略扁平（图136）。

图135 南美斑潜蝇成虫

图136 南美斑潜蝇蛹

发生特点

发生代数	在北方1年发生8 ～ 9代
越冬方式	主要在保护地越冬，还可在较寒冷地区以蛹在树基周围的土壤内、石块下、枯枝落叶层中、寄主附近的杂草上越冬，在较温暖的南方可周年为害
发生规律	成虫期5 ～ 25天，雌、雄虫可多次交配，卵产在叶表皮下，平均每雌产卵量约550粒，最高可达780粒左右，幼虫老熟后钻出叶片，在叶表面或表层土壤中化蛹
生活习性	过冷却点和体液冰点分别为－12.27℃和－11.01℃，相较美洲斑潜蝇更具耐寒力。喜温凉、耐低温，抗高温能力差，世代重叠现象严重。成虫多在上行羽化，可取食花蜜，羽化当即可进行交配，具趋黄性和在寄主植株上层顶端飞翔活动特性，刚羽化的成虫具趋光性

防治适期 参照豌豆潜叶蝇。

防治方法 参照豌豆潜叶蝇。

桃蚜

刺吸式害虫

为害马铃薯的蚜虫有多种，如桃蚜、萝卜蚜、甘蓝蚜、菜豆蚜、棉蚜等，其中以桃蚜（*Myzus persicae* Sulzer）为主要蚜虫。

图137　桃蚜为害状

分类地位 桃蚜属半翅目蚜总科蚜科。

为害特点 分为直接为害和间接为害。

①直接为害。即桃蚜成、若虫在幼叶背面大量吸取寄主植物叶内的汁液，引起叶片发黄，造成植物营养恶化，影响寄主的正常生理活动，严重时可造成植物果实脱落，叶片干枯凋落，使作物严重减产（图137）。

②间接为害。一方面是直接排泄出的蜜露滴在叶片上，导致灰尘污染叶面和霉菌寄生，影响寄主的光合作用和外观品质；另一方面是桃蚜作为植物病毒的传播媒介，引起病毒病的大发生，如桃蚜可传播马铃薯Y病毒（PVY）、黄瓜花叶病毒（CMV）等病毒，给作物生产带来严重经济损失。

形态特征

无翅孤雌蚜：体长2毫米，近卵圆形，无蜡粉，体色多变，有绿色、黄色、樱红色、红褐色等，低温下颜色偏深，触角第三节无感觉圈，额瘤和腹管特征同有翅蚜。

有翅雌蚜：体长1.8～2.2毫米，头部黑色，额瘤发达且显著，向内倾斜，复眼褐色，胸部黑色，腹部体色多变，有绿色、浅绿色、黄绿色、褐色、赤褐色，腹背面有褐色的方形斑纹1个。腹管较长，圆柱形，端部黑色，触角黑色，共有6节，在第三节上有1列感觉孔，9～17个，尾片黑色，较腹管短，着生3对弯曲的侧毛。

有翅雄蚜：体长1.5～1.8毫米，基本特征同有翅雌蚜，主要区别是腹背黑斑较大，在触角第三、第五节上的感觉孔数目很多。

若蚜：共4龄，体型、体色与无翅成蚜相似，个体较小，尾片不明显，有翅若蚜3龄起，翅蚜明显，且体型较无翅若蚜略显瘦长。

卵：长椭圆形，长约0.5毫米，初产时淡黄色，后变黑褐色，有光泽。

发生特点

发生代数	在我国华北地区1年发生10余代，在南方则可多达30～40代，世代重叠极为严重
越冬方式	以无翅胎生雌蚜在窖藏白菜或温室内越冬，或在菜心里产卵越冬。在加温温室内，终年在蔬菜上胎生繁殖，不越冬
发生规律	4月下旬产生有翅蚜，迁飞至已定植的甘蓝、花椰菜上继续胎生繁殖，至10月下旬进入越冬。靠近桃树的亦可产生有翅蚜飞回桃树交配产卵越冬
生活习性	桃蚜对黄色、橙色有强烈的趋性，而对银灰色有负趋性

防治适期 要尽量把有翅蚜消灭在往马铃薯植株上迁飞之前，或消灭在马铃薯地里无翅蚜的点片阶段。在有蚜株率达5%施药防治。

防治措施

1.农业防治 铲除田间杂草。

2.物理防治 用银灰色薄膜覆盖，可趋避有翅蚜迁飞；同时挂置黄色粘虫板诱杀有翅蚜，减少虫口基数。

3. 生物防治 保护天敌，如瓢虫、食蚜蝇、蚜茧蜂等天敌，抑制蚜虫发生。选用鱼藤酮、印楝素可溶液剂喷雾防控。

4. 化学防治 在田间蚜虫点片发生阶段要重视早期用药防治，连续用药2～3次，用药间隔期为10～15天。防治期间采用绿色防治用药与常规防治连续交替使用，这样防治效果好。22%氟啶虫胺腈悬浮剂、阿立卡（22%噻虫·高氯氟微囊悬浮-悬浮剂）及10%吡虫啉可湿性粉剂在发生期喷雾防控。

易混淆害虫 马铃薯桃蚜和萝卜蚜、甘蓝蚜形态相似（图138），区别如下：

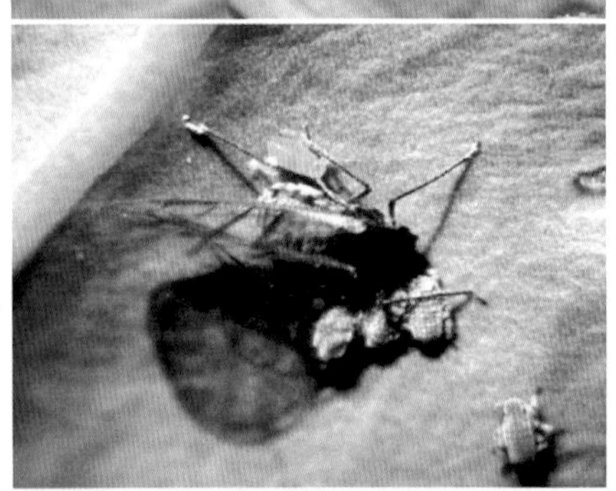

图138 桃蚜（上）、甘蓝蚜（中）和萝卜蚜（下）

1. 有翅雌蚜

①桃蚜有翅雌蚜。体长1.8～2.2毫米；无蜡粉；头部额瘤显著，且向内倾斜；触角近体长，第三节有感觉圈9～17个，排成1列；头胸部黑色，腹部淡暗绿色，背面有淡黑色斑纹；腹管长，为尾片的2.3倍，中部稍膨大，末端缢缩明显。

②萝卜蚜有翅雌蚜。体长1.6～1.8毫米，有时覆盖白色蜡粉；触角约为体长的1/2，第三节有感觉圈16～26个，排列不规则；头胸部黑色，头部额瘤不明显；腹部两侧具黑斑，第一至二节腹节和腹管后各节背面有1条黑色横带，腹管长为尾片的1.7倍，中部稍膨大，末端稍缢缩。

③甘蓝蚜有翅雌蚜。体长约2.2毫米，全体覆有明显的白色蜡粉；头部无额瘤；触角约为体长的0.8倍，第三节感觉圈37～56个，排列不规则；头胸部黑色，腹部黄绿色，每侧有5个黑点，背面有几条暗绿色横纹；腹管稍短于尾片，中部稍膨大。

2. 无翅雌蚜

①桃蚜无翅雌蚜。体长约2毫米，全体绿色，黄或樱红粉，无蜡粉，触角第三节无感觉圈，其他同有翅蚜。

②萝卜蚜无翅雌蚜。体长约1.8毫米，全体黄绿色，被薄粉，表皮粗糙，有菱形网纹，胸部各节中央有1条黑色横纹，触角第三节无感觉圈，其他同有翅蚜。

③甘蓝蚜无翅雌蚜。体长约2.5毫米，全体暗绿色，有明显白色蜡粉，触角第三节无感觉圈，其他同有翅蚜。

茶黄螨

刺吸式害虫

分类地位 茶黄螨[*Polyphagotarsonemus latus* (Banks)]又名侧多食跗线螨，俗称嫩叶螨、白蜘蛛，属蛛形纲蜱螨目跗线螨科茶黄螨属。

为害特点 茶黄螨除为害马铃薯外，还为害黄瓜、番茄、茄子、辣椒、瓜类等。茶黄螨在田间为害往往先形成中心被害点，然后再向四周扩散。茶黄螨以成螨和幼螨集中在植株幼嫩部分刺吸汁液。受害叶片背面呈灰褐或黄褐色，叶片变小变窄，呈油渍状，叶片边缘向下卷曲（图139）；受害嫩茎、嫩枝变黄褐色，扭曲变形，严重时植株顶部干枯；受害花蕾不能正常开放，影响产量。此外，茶黄螨还可传播病毒病。

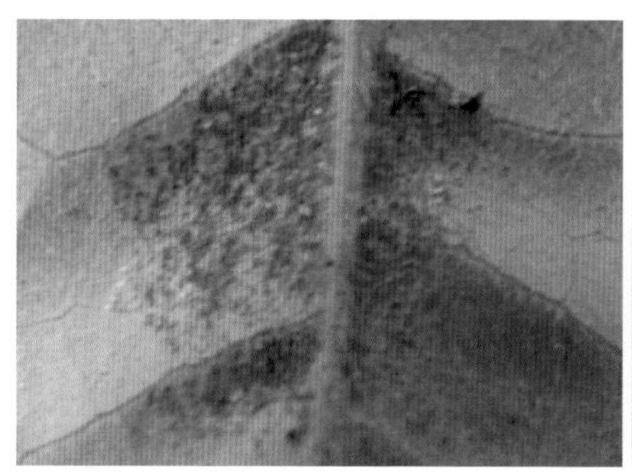

图139　茶黄螨为害状

形态特征

成螨：雄螨体长约0.19毫米，近六角形或菱形，腹部末端圆锥形上翘，乳白色至淡黄色，半透明。前足体3 ~ 4对刚毛，腹部后足体有4对刚毛，足较长而粗壮，第三至第四对足的基节相连，第四对足胫、跗节细长，向内侧弯曲，远端1/3处有1根特别长的鞭毛，爪退化为纽扣状，其上有一根与足等长的毛。雌螨体长约0.21毫米，宽椭圆形，腹部末端平截，淡黄色至橙黄色，表皮薄而透明，有光泽；体背有一条纵向白带，由前向后渐宽；足较短，第四对足纤细，跗节末端有端毛和亚端毛。腹面后足体部有4对刚毛（图140）。

卵：椭圆形，无色透明，长约1毫米。表面有纵向排列的5 ～ 6行白色瘤状突起（图141）。

幼螨：体背有1条白色纵带，足3对，腹末有1对刚毛。

若螨：长椭圆形，为静止的生长发育阶段，外面罩着幼螨的表皮（图140）。

图140　茶黄螨成螨和若螨

图141　茶黄螨卵

发生特点

发生代数	1年多代，有世代重叠现象
越冬方式	以成螨在土缝、杂草根际处等隐蔽场所越冬
发生规律	卵期2 ～ 3天，开始发生时有明显点片阶段，4 ～ 5月数量较少，6月后大量发生，5月底至6月初可出现严重受害田块。25℃时完成一代平均历期为12.8天，数量增长31倍，30℃时历期为10.5天。成螨活跃，尤其是雄螨，当取食部位变老时，立即携带雌螨和若螨向新的幼嫩部位转移
生活习性	茶黄螨繁殖快，喜温暖潮湿，对温度要求高，温暖多湿的环境有利于茶黄螨的发生

防治适期 田间出现中心被害点时。

防治措施

1. **农业防治** 消灭越冬虫源，铲除田边杂草，清除田中残株败叶，降低田间湿度。

2. **生物防治** 保护、释放巴氏钝绥螨防治茶黄螨；选用0.5%藜芦碱可溶液剂300倍液进行喷雾防治。

3. **化学防治** 发生严重时，喷施24%螺螨酯悬浮剂3 000倍液或99% SK矿物油乳油150倍液。

假眼小绿叶蝉

刺吸式害虫

分类地位 假眼小绿叶蝉（*Empoasca vitis* Gothe.）又名假眼小绿浮尘子、叶跳虫等，属半翅目叶蝉科小绿叶蝉属。

为害特点 主要为害茶树、大豆、花生、十字花科蔬菜、马铃薯、烟、桑、桃树等多种植物。以成、若虫在嫩叶背面刺吸叶片汁液，使叶色变黄，削弱植株长势，成虫在嫩梢内产卵，导致输导组织受损，水分供应不足，被害植株生长受阻，严重影响生产，造成减产。还可能传播部分马铃薯病毒。

形态特征

成虫：体长3 ~ 4毫米，黄绿色，头部向前突出，头冠近前缘中央处有2浅绿色小点，基域中央有灰白色线纹，复眼灰褐色，颜面色泽较黄，前胸背板前缘弧圆，后缘微凹，前域灰白色斑点，小盾片中端部有黄白色线状斑，前翅微带黄绿色，端部略带黄褐色，透明，后翅也透明，腹部背面黄绿色，腹部末端淡绿色（图142）。

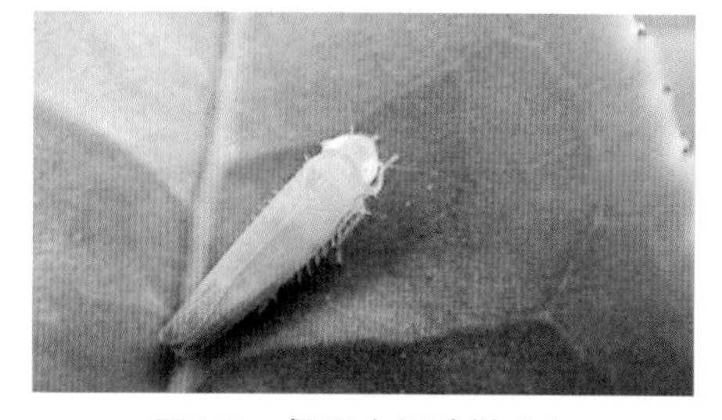

图142 假眼小绿叶蝉成虫

若虫：体类似于成虫，初为乳白色，随着龄期增长渐变淡黄转绿色，体长2.5 ~ 3.5毫米。

卵：长约0.6毫米，椭圆形，乳白色。

发生特点

发生代数	1年发生多代
越冬方式	以成虫在植株的叶背隐蔽处或植株间越冬
发生规律	3月下旬越冬成虫开始活动，取食嫩叶为害，为害高峰期在6月初至8月下旬
生活习性	成、若虫均具趋嫩性，集中于嫩叶背面为害

防治适期 越冬成虫开始活动时以及各代若虫孵化盛期。

防治措施

1. **农业防治** 加强田园管理，秋冬季节彻底清除落叶，铲除杂草，集中烧毁，消灭越冬成虫。

2. **物理防治** 挂置蓝色或黄色粘虫板诱杀。

3. **生物防治** 可选用400亿孢子/升球孢白僵菌可湿性粉剂，每亩用量为20 ～ 30克。

4. **化学防治** 越冬成虫开始活动时以及各代若虫孵化盛期可选用70%吡虫啉水分散粒剂3 000倍液、10%醚菊酯悬浮剂600 ～ 1 000倍液或2.5%溴氰菊酯乳油1 000 ～ 1 500倍液。

大青叶蝉

刺吸式害虫

分类地位 大青叶蝉[*Cicadella viridis*（Linnaeus）]又名大浮尘子、菜蚱蜢等，属半翅目大叶蝉科。

为害特点 全国各地均有发生，除为害马铃薯外，还为害十字花科、豆科、茄科、伞形花科、菊科等多种植物。以成虫和若虫刺吸马铃薯植株汁液，致寄主细胞坏死，叶片褪色、畸形或卷缩，甚至枯死，并可传播病毒病。

形态特征

成虫：体长8 ～ 9毫米，雄虫较雌虫略小，头部黄色，头顶有1对黑斑。前胸背板宽阔，黄色，靠后缘具绿色三角形大斑。前翅绿色，前缘淡白色，末端透明至灰白色。足黄白至橙黄色，跗节3节（图143）。

卵：呈香蕉形，乳白至黄白色。

若虫：与成虫相似，共5龄，初龄灰白色，二龄淡灰色微带黄绿色，二龄灰黄绿色，胸腹背面有4条褐色纵纹，出现翅芽，四至五龄体色同三龄。

图143 大青叶蝉成虫

发生特点

发生代数	在北方1年发生3代
越冬方式	以卵在树枝皮内越冬
发生规律	翌年4月孵化，于马铃薯、杂草等植物上为害。第一代成虫出现于5月下旬，第二代出现于6月末至7月末，第三代出现于8月中旬至9月中旬。一、二代卵发育历期为9 ~ 15天，越冬代达5个月。第一代若虫发育历期40 ~ 47天，第二代22 ~ 26天，第三代23 ~ 27天。成虫交配后次日即可产卵，多产于寄主叶背主脉组织中，卵痕月牙状，每处3 ~ 15粒，排列整齐。第三代成虫羽化后20天交配产卵。每雌产卵在4 ~ 60粒
生活习性	初孵若虫具群集性，成虫有强趋光性。早上与傍晚气温相对低时，成虫和若虫潜伏不动，中午气温偏高时活跃

防治适期 越冬成虫开始活动时以及各代若虫孵化盛期。

防治措施

1. **农业防治** 清除田间杂草，减少田间虫源。
2. **物理防治** 在成虫发生期用黑光灯或频振式杀虫灯进行灯光诱杀。
3. **生物防治** 保护和利用天敌昆虫和捕食性蜘蛛。
4. **化学防治** 参见假眼小绿叶蝉防治部分。

黄蓟马

刺吸式害虫

分类地位 黄蓟马（*Thrips flavus* Schrank）又名菜田瓜蓟马、棉蓟马，属缨翅目蓟马科。除为害马铃薯外，还主要为害葫芦科、豆科、十字花科、茄科等作物。

为害特点 以成虫和若虫锉吸马铃薯嫩叶和嫩梢的汁液，使得被害部位组织老化坏死，影响马铃薯产量与品质。在植物幼嫩部位吸食为害，叶片受害后常失绿而呈现黄白色，花朵受害后常脱色，呈现出不规则的白斑，严重的花瓣扭曲变形，甚至腐烂。

形态特征

成虫：体长约1毫米，金黄色，头近方形，复眼稍突出，有3只单眼，呈红色，排成三角形，单眼间鬃位于单眼三角形连线外缘。触角7节，翅2对，周围有细长缘毛，腹部扁长（图144）。

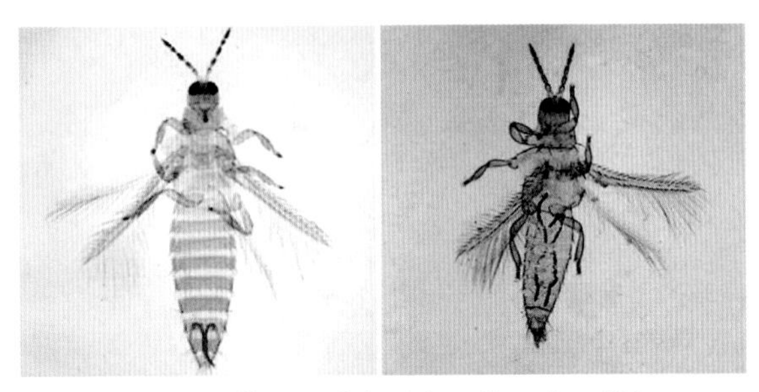

图144　黄蓟马成虫（左：雌　右：雄）

卵：长椭圆形，白色透明。

若虫：黄白色，共3龄，复眼红。

发生特点

发生代数	在南方1年发生11 ～ 20代，北方为8 ～ 10代，可世代重叠，无休眠期
越冬方式	以成虫潜伏在土块、土缝下或枯枝落叶间越冬，少数以若虫越冬
发生规律	卵期为2 ～ 9天，若虫期为3 ～ 11天，成虫期为6 ～ 25天
生活习性	成虫在土壤中羽化爬出土表后向上移动，较活跃，有强烈的趋光性和趋蓝性，在作物上跳跃飞动；雌成虫主要以孤雌生殖，偶尔行两性繁殖

防治适期　调查虫口密度，单株虫口数达3 ～ 5头即可用药防治。

防治措施

1.农业防治　在收获后彻底清除田间植株残体和田块周边的野生寄主；避免瓜类、豆类等作物连作、套作。

2.物理防治　在发生初期即采用蓝板进行诱杀。

3.生物防治　保护利用草蛉、东亚小花蝽、蜘蛛等天敌。

4.化学防治　单株虫口数达3 ～ 5头即可开展药剂防治工作，可用30%唑虫酰胺悬浮剂1 250倍液喷雾防治。

PART 3

绿色防控技术

马铃薯病虫害绿色防控技术是指在马铃薯生产中，贯彻“预防为主，综合防治”的植保方针，遵循“公共植保、绿色植保”的理念，以有效控制病虫害和农药残留为目标，以优化生态环境为重点，协调农业防治、生物防治、物理防治和化学防治等各种治理措施，将病虫害造成的损失控制在经济阈值以下，把农产品农药残留控制在国家规定允许范围以内，确保马铃薯生产安全和农业生态环境安全，最终获得最佳的经济、社会和生态效益，以及绿色马铃薯产品。

预测预报

为了掌握马铃薯病虫害如晚疫病、小地老虎等的发生期和发生量，以确定防治时间和防治措施，需进行马铃薯病虫害的预测预报。这是通过实际调查取得数据，根据病虫发生规律并结合历史资料、天气情况及病虫害发生规律等，对该病虫的发生趋势加以估计匡算，并且通过电话、视频、广播和文字资料等多种形式及时发出情报，通知植保相关部门和农户，用以指导防治前的各项准备工作，掌握病虫防治的主动权。

1.预测预报的种类　根据测报内容，可将马铃薯病虫害的预测预报分为下面4种。

(1) **发生期预测**。预测害虫某一虫期或虫龄的发生和为害的关键时期；对具有迁飞、扩散习性的害虫，预测其迁出或迁入本地的时期，以确定防治适期。流行性病害如马铃薯晚疫病等发生期预测时，先预测田间中心病株出现时间，中心病株的出现日期为始病期。

(2) **发生量预测**。预测害虫的发生数量或田间虫口密度。根据拟定的防治指标，确定是否需要防治和防治规模的大小。马铃薯病原发生量的预测一般先确定初菌量，即病原越冬或越夏以后的存活数量、或当前病害发生的数量。

(3) **为害程度预测**。在发生量预测的基础上，结合马铃薯品种、生育期和气象预报，对马铃薯受害程度和产量损失做出预估。马铃薯病原如马铃薯晚疫病的发生程度与气候环境密切相关，发现中心病株后，连续的多雾、多露的高湿天气，有利于该病的大发生。

(4) **分布预测**。预测病原和害虫的分布或发生面积，以便根据病虫害

发生的时间和密度，确定防治田块和安排防治的先后顺序。

2. 马铃薯病害预测预报 马铃薯病害中田间调查和预测预报最完善的是马铃薯晚疫病。由于受病原菌生理小种、田间初侵染菌源、地域性气候差异、品种抗性等因素的影响，不同地区、不同品种中心病株出现时间有差异。所以，预测马铃薯晚疫病在田间的流行一般先预测中心病株的出现时间。

"标蒙氏规律"指出，在48小时内，田间气温不低于10℃，相对湿度75%以上，经1个月左右，田间就会出现1%的中心病株。在阴雨连绵或多雾多露的条件下，10 ～ 14天马铃薯晚疫病就会扩展蔓延至全田。因此，在气候条件湿润的山区，马铃薯晚疫病发病率高，大流行次数多。

3. 马铃薯虫害预测预报 马铃薯虫害预测预报中，地下害虫尤为重要。挖土调查是地下害虫田间调查最常用方法，一般在春季作物播种前进行。除此之外，还可以采用灯光诱测、食物诱集进行调查或在马铃薯苗期调查被害率等方法。地下害虫的发生受到多种因素影响，应根据当地情况对不同种类采取不同预测方法。

调查成虫盛发期，以确定防治适期。小地老虎夜间用蜜糖诱蛾器诱蛾数达到5 ～ 10头，即说明进入蛾盛发期，蛾量最多的1天为发蛾高峰期，后推20 ～ 25天为二龄幼虫盛期，此时为防治适期。小地老虎幼虫达每平方米1头或作物被害率达25%，以确定防治对象田块。

春季当蝼蛄上升至表层土20厘米左右、蛴螬和金针虫在10厘米左右，田间发现被害苗时，此时需要及时防治。蝼蛄达每平方米0.5个或作物被害率10%左右，蛴螬达每平方米3 ～ 5头或作物被害率10% ～ 15%，金针虫达每平方米5头的田块应列为防治对象田。

植物检疫

植物检疫法规防治是指一个国家或地区由专门机构依据相关法律法规，建立专门机构进行工作。植物检疫的目的是应用现代科学技术，禁止或限制危险性植物病虫草等的人为传入或传出，或采取一系列必要措施，限制传入后病虫害的扩展，并尽力清除，以保障农业生产的安全、可持续。

1. 对外检疫和国内检疫 植物检疫可分为对外检疫和国内检疫两类。对外检疫又包括进口检疫和出口检疫。对外检疫由国家在对外港口、国际机场以及其他国际交通要道设立专门的检疫机构，对进出口及过境物资、运载工具等进行检疫和处理。对外检疫先根据调查结果确定检疫对象。农业部于1992年7月25日印发《中华人民共和国进境植物检疫危险性病、虫、杂草名录》将检疫对象分为一类有害生物和二类有害生物。其中一类有害生物6种，分别是马铃薯甲虫、马铃薯金线虫、马铃薯白线虫[*Globodera pallida*（Stone）Mulvey & Stone]、马铃薯癌肿病菌、马铃薯帚顶病毒和马铃薯黄化矮缩病毒（*Potato yellowd dwarf virus*）。二类有害生物包括马铃薯黑粉病菌（*Angiosorus solani* Thirumalachar & O Brien）和烟草环斑病毒（*Tobacco ring-spot virus*）。

对外检疫具有两个目的：一是防止国内尚未发现或虽有发现但分布不广的马铃薯病虫（检疫对象）随植物及其产品输入国内，以保护国内农业生产。对于具有自行扩散能力的病虫，则应加强边境管理，一旦发现检疫对象的入侵，则采取措施就地扑灭。如马铃薯甲虫在俄罗斯滨海区符拉迪沃斯托克普遍发生。成虫入侵我国黑龙江边境已呈现高发和频发态势。据调查疫情点马铃薯被害株既有成虫，也有幼虫和卵，零星分布于林间和农户院落种植的马铃薯地。我国一线农业专家一经发现，立即就地扑灭。从2013年至今，成功守住了黑龙江边境马铃薯甲虫防线8年。二是履行国际义务，按输入国的要求，禁止危险性病、虫、杂草自国内输出，以满足对外贸易的需要，维护国际信誉。

国内检疫是指由各省（自治区、直辖市）农业厅（局）内的植物检疫机构会同交通、邮政及有关部门，根据政府公布的国内植物检疫条例和检疫对象，执行检疫，采取措施，防止国内已有的危险性病、虫、杂草从已发生的地区蔓延扩散，甚至将其消灭在原发地。如为害马铃薯块茎的多种病原菌，随种薯调运在国内不同马铃薯产区扩散蔓延的风险很大，应严格国内检疫制度，加强内检。

2. 马铃薯病害检疫 马铃薯病原检疫检验的方法包括直接检验、解剖检验等。对于有明显症状或容易辨认的形态特征用直接检验法；对于无明显病症的种薯、种苗，需用解剖检验进行鉴别；对于土壤等材料，可采用漏斗分离检验等方法。

马铃薯病原检疫对象分为外检和内检对象。《中华人民共和国进境植

物检疫危险性病、虫、杂草名录》列出的对外检疫马铃薯病原包括马铃薯金线虫、马铃薯白线虫、马铃薯癌肿病菌、马铃薯黑粉病菌、马铃薯帚顶病毒、马铃薯黄化矮缩病毒 和烟草环斑病毒。

马铃薯线虫病害主要由马铃薯茎线虫、马铃薯金线虫和马铃薯白线虫引起。其中马铃薯金线虫和马铃薯白线虫是《中华人民共和国进境植物检疫危险性病、虫、杂草名录》列出的一类对外检疫对象。三种线虫病害远距离传播的主要途径都是带线虫病薯、病苗传播，并且土壤、流水、农具也是传播途径。因此，应严格检疫种薯、种苗及所带土壤，杜绝线虫传播蔓延。

马铃薯真菌病原外检对象为马铃薯癌肿病菌和马铃薯黑粉病菌。马铃薯癌肿病菌常造成马铃薯产量严重下降甚至绝收，对马铃薯生产具有极强的毁灭性。马铃薯癌肿病病原内生集壶菌是马铃薯专性寄生真菌，在我国四川、贵州和云南部分地区发生。马铃薯黑粉病分布于墨西哥、巴拿马、哥伦比亚、委内瑞拉、厄瓜多尔、秘鲁、玻利维亚等美洲国家。该病病菌为害马铃薯的地下茎，刺激细胞组织引起过度生长、膨大，形成肿瘤，病组织畸形，质地坚硬。该病病菌能在土壤和病薯块内存活越冬，因而种薯和病土可作为初侵染来源而传播为害。同时，可以由被侵染的种薯和附着在种薯表面的病土粒进行远距离传播。此种土传病害，一旦传入无法根治。马铃薯粉痂病为真菌性病害，病原菌为粉痂菌。尽管不属于检疫性病害，但是该病害的远距离传播主要依靠种薯调运。马铃薯真菌病原的检疫应做到以下几点：①严禁在疫区进行种薯培育。②严禁从疫区调运种薯，若不得已引种时，要求供种方提供植物检疫证书。③在调运其他作物及苗木时，加强对来自疫区及附近地区的带菌土壤或植株等的检疫。

马铃薯环腐病为细菌性病害，病原菌为密执安棒形杆菌环腐亚种，通常仅在马铃薯上发病。该病的初侵染源和远距离传播源主要是带菌种薯。因此，同样应加强种薯检疫，严禁带病种薯的调入或调出，凡是马铃薯环腐病发生区域的种薯应改变用途，作商品薯处理。

马铃薯帚顶病毒分布于日本、丹麦、挪威、瑞典、芬兰、捷克、英国、爱尔兰、秘鲁、玻利维亚。马铃薯帚顶病毒随土壤中的粉痂菌进行传播。马铃薯黄化矮缩病毒分布于加拿大和美国。该病毒可通过薯种薯、介体和嫁接而传播。烟草环斑病毒除为害烟草、马铃薯外，寄主涉及茄科、葫芦科、藜科、苋科、豆科、菊科等植物。种薯传毒是上述病毒扩散的主要途径，应加强检疫，禁止从疫区引种。

3. 马铃薯虫害检疫 马铃薯甲虫是我国公布的《中华人民共和国进境植物检疫危险性病、虫、杂草名录》中规定的危险性害虫，是中俄、中南、中罗、中蒙植检植保双边协定规定的检疫性害虫，是对外重大检疫对象和重要外来入侵害虫。马铃薯甲虫幼虫和成虫嗜好寄主是栽培马铃薯，常将整株马铃薯叶片食光，对马铃薯生产带来重大威胁。我国新疆北部绝大部分区域均有马铃薯甲虫分布，根据其传播扩散规律、为害特点和适生环境条件分析，其进一步向东越过新疆东部传播扩散至内蒙古和甘肃，并继续南下至西南马铃薯产区的风险正在加剧。

检疫是防治和杜绝马铃薯甲虫传播蔓延的有效手段。应严格实施检疫，严防人为传入，具体措施包括对进入我国国境的来自疫区国家或地区的植物及其产品进行检疫，对疑似疫情立刻除害处理；在马铃薯主要种植区的口岸和交通枢纽的货物和旅客物品中发现马铃薯甲虫，一律退回或销毁。一旦局部地区发生马铃薯甲虫疫情，应在当地行政主管部门的监督和指导下将该区域划为疫区，采取积极检疫、封锁和应急扑灭等响应措施。具体措施包括对疫区内种子、苗木及其他繁殖材料和应施检疫的植物、植物产品，只限在疫区种植和使用，禁止运出，禁止邮寄或人为带出种子、种苗和农产品；对易感染的物品、用具和场地等进行严格消毒除害防疫；对马铃薯甲虫藏匿或逃逸的场所进行定期调查和喷药处理，严防其扩散。

马铃薯块茎蛾是国内检疫性有害生物。初时主要在云南、贵州和广西局部地区发生，现已扩展到西南、西北、中南、华东，包括四川、广东、湖北、湖南、江西、河南、陕西、山西、甘肃、安徽和台湾等省份。幼虫为害，最嗜寄主为烟草，其次为马铃薯和茄子。由于马铃薯块茎蛾可以通过卵、幼虫和蛹随马铃薯块茎及包装物进行远距离传播，因此，该虫仍然是重要的检疫对象。应避免从疫区调运马铃薯块茎、种薯和未经烤制的烟叶，已经调入的进行严格检疫，并且必须经过熏蒸处理，以杀死块茎蛾的各种虫态。

除了马铃薯甲虫和块茎蛾外，近年来，在部分马铃薯种植区出现了一些新发害虫，例如成虫为害叶片的食叶类害虫豆长刺萤叶甲（*Atrachya menetriesi* Faldermann）、双斑萤叶甲（*Monolepta hierogyphica*

Motschulsky）等，这些害虫仅在我国局部地区发生，同样应该进行严格的植物检疫，避免传播和蔓延。

农业防治

农业防治是指在有利于马铃薯生产的前提下，为防治病虫害所采取的农业技术综合措施，包括调整和改善马铃薯生长环境，以增强其对病虫害的抵抗力，创造不利于病原物和害虫生长发育或传播的条件，以控制、避免或减轻病虫的发生和为害等。利用农业防治措施控制马铃薯病虫害发生发展，不需要额外投资。因此，农业防治是最经济、最基本的方法，有时也是最有效的方法。

1. 马铃薯病害农业防治

（1）**选用马铃薯抗病品种**。理想的作物品种具有两方面特点：农艺性状良好和对不良因素如病虫害具有综合抗性。马铃薯抗病品种的培育是育种和植保工作的重点，在病害防控中发挥重要作用。

种植者应根据马铃薯种植地的气候和地理条件选择适宜的抗病品种。北方一作区以中熟和晚熟品种为主，东北地区尤其注重种植抗晚疫病和黑胫病的品种，华北和西北地区注重耐旱及抗土传病害、晚疫病和病毒病的品种。中原二季作区种植早熟或块茎膨大快、对日照长度不敏感的品种为主。对于西南一二季混作区的高海拔地区，应栽种高抗晚疫病、癌肿病和粉痂病的中晚熟和晚熟品种；对于中低海拔地区，则应栽种抗晚疫病、病毒病的中熟和早熟品种。在南方冬作区，常种植对日照长度反应不敏感、抗晚疫病和耐湿、耐寒和耐弱光的中、早熟品种。

（2）**合理轮作**。有的马铃薯病原如马铃薯炭疽病的病原菌能够侵染其他茄科作物，长期单一种植马铃薯或其他茄科作物可能为病原菌提供稳定的生态环境，使病原逐渐积累、病害频繁发生、为害程度加重。合理轮作可恶化病原菌的生态环境，延缓或抑制病原菌的增殖，从而达到控制病害的效果。已有报道指出，不同轮作处理下马铃薯产量和商品薯率均显著高于马铃薯连作处理，这种现象可能与马铃薯病害发生率下降相关。

马铃薯应与非茄科作物如禾谷类、豆类和纤维作物轮作，轮作期必须超过3年，一般需要达到5年左右。选择的轮作作物因病害种类不同而不同，可依据马铃薯种植地的病害发生历史和预测预报选择合适的轮作作物。对于马铃薯晚疫病菌，马铃薯可与禾本科、豆类、甜菜、胡萝卜和洋葱等轮作。对于尾孢叶斑病、疮痂病发生的田块，马铃薯可与豆科、百合科、葫芦科作物轮作。对于粉痂病发生的田块，马铃薯可与豆类和谷类作物轮作。在青枯病发生的田块，马铃薯可与十字花科或禾本科作物轮作，最好与禾本科作物进行水旱轮作。发生马铃薯金线虫的田块，马铃薯需要与非茄科作物轮作10年以上，以彻底消灭孢囊线虫。马铃薯茎线虫病发生的田块，马铃薯应与小麦、谷子、玉米、高粱和棉花等非寄主作物进行轮作。马铃薯黑痣病发病田块，马铃薯应与非禾本科作物轮作。

（3）**严格精选种薯**。①选用脱毒种薯。病毒为害严重影响马铃薯产量，降低马铃薯品质。马铃薯本身是无性繁殖的作物，块茎积累的病毒能够逐代传递。利用茎尖剥离、组织培养等一系列的脱毒技术获得的符合国家脱毒种薯质量标准的种薯原种，种植后可以显著减少病毒初侵染源，具有早熟、产量高、品质好等优点。②选用无病、无伤种薯，保证种薯质量。多种病害如晚疫病、黑痣病、粉痂病、环腐病和线虫病害等可通过带菌种薯进行传播，有的病害如晚疫病、干腐病、黑痣病等的病原菌可在土壤和水中越冬。因此，播种前应严格剔除机械破损、受伤、受冻、萎蔫的种薯以及病薯，减少病原侵染风险。③尽量选用小型种薯进行整薯播种。以小整薯代替切块种薯播种，可避免种薯受到机械损伤和切刀消毒不彻底造成的病原感染，防止播种后种薯的腐烂，还可阻止病原菌通过伤口进行侵染和传播。据报道，小种薯整薯播种比切块种薯播种环腐病、黑胫病和晚疫病的发病率、种薯腐烂率均显著下降。此外，小种薯整薯播种还可以起到抗旱保苗的作用，提高出苗率和马铃薯产量。

（4）**进行适当的种薯处理**。①切刀和切块环境的消毒。种薯切块应在播种前2 ~ 3天进行，切块大小以30 ~ 50克为宜，每个切块至少带1 ~ 2个芽眼。由于多种马铃薯病害如环腐病、黑胫病、病毒病等的病原可通过切刀进行传播，因此，对种薯进行切块时，切记对切刀进行彻底充分的消毒。消毒液一般为75%酒精或0.5% ~ 1%的高锰酸钾溶液。为了保证使用中的切刀处于无毒状态，种薯切块操作时应准备两把以上切刀。未使用的切刀浸泡在消毒液中，正在使用的切刀切薯5分钟或切到烂薯、病薯时需要立刻更换，换下来的切刀置于消毒液中消毒。切芽块的场地和装芽块

的工具要用2%的硫酸铜溶液喷雾消毒，也可用草木灰消毒，从而减少芽块被感染的机会。②拌种和浸种处理。为了阻止某些土传病原菌对播种后的种薯进行侵染，在种薯播种前应该对其进行药剂拌种、浸种处理。拌种和浸种用的化学药剂的选择需要根据种植地病害发生的实际情况和种薯的品质来确定。如种植地细菌性病害发生较普遍时，应利用72%农用链霉素可湿性粉剂、0.1%春雷霉素或77%氢氧化铜可湿性粉剂等细菌杀菌剂对种薯进行拌种或浸种处理；种植地真菌性病害发生较普遍时，拌种药剂中还要加入内吸性杀菌剂。如25%甲霜灵可湿性粉剂400倍液对种薯浸种可预防马铃薯疫病发生；每千克种薯用50毫升2%硫酸铜溶液浸泡10分钟，可预防马铃薯环腐病发生；用草木灰拌种后立即播种，可预防马铃薯黑胫病发生。拌种和浸种后的种薯必须晾干后再播种。③种薯催芽处理。通过催芽可以促进马铃薯早熟，提高产量；同时，催芽过程中可淘汰病、烂种薯，减少播种后田间病株率或缺苗断垄，有利于全苗、壮苗。催芽时将种薯和沙子分层相间放置，保持20℃左右的温度以及湿润的状态，一般7 ～ 10天可发芽。

（5）**适期播种**。依据气候条件选取合适的时期进行播种能够尽可能地避免种薯腐烂，保证苗壮、苗全，提高植株抗病能力。马铃薯适宜的生长温度在15℃以上，春播马铃薯播种期在地表以下10厘米深土层处土温达到8℃时适宜；秋播马铃薯以日均气温稳定至25℃以下播种最为适宜。

（6）**科学耕作管理**。①加强田间管理，播种前精耕细作，增加土壤通透性，使土壤排水良好，降低田间病原基数；在施肥上要控制氮肥用量，增施磷、钾肥，促使马铃薯植株健壮生长，提高其抗病能力；在灌溉上禁止大水漫灌，以浇灌根际周围为主，雨后避免田间积水，降低田间湿度，防治病原菌随水源对块茎进行侵染；合理密植，在马铃薯生长期及时中耕除草，并培土2 ～ 3次，同时保持通风透光。例如，结合中耕高培土来减少病菌游动孢子随雨水侵染块茎的机会，可减轻马铃薯晚疫病发生，一般培土高10厘米；在马铃薯疮痂病发生较重的种植区域增施绿肥或增施酸性物质改善土壤酸碱度，增加有益微生物，可有效减轻发病比例。②清洁田园。及时清除田间杂草、病残体和发病植株，减少侵染源。例如在整地前，注意清除地块内作物残茬及杂草，采取烧毁或与粪肥堆沤高温杀灭病原菌；在马铃薯生长过程中，及时清除病株，带离田间进行深埋或烧毁，减少病害侵染源。例如在田间发现马铃薯晚疫病的中心病株时应及时清除，将病株连同薯块一起挖出，带出田外深埋，病穴内用生石灰撒施消毒，对病株周围25米范围内的植株进行喷药处理。

（7）**合理储存运输**。田间收获、拉运和长距离运输过程中，尽量减少损伤，避免受伤种薯成为病原菌侵染对象，形成初侵染源；种薯储存前应摊在通风干燥处阴干2 ～ 3天，晾干表皮；清洁消毒储藏窖，彻底清除残存物，撒生石灰消毒，打开通气孔或窖口通风3 ～ 5天；入窖前剔除烂、病薯。

2. 马铃薯虫害农业防治

（1）**合理轮作**。对于寄主较单一、发生严重的害虫，可采取合理轮作的方式防治。与马铃薯轮作的作物必须是害虫的非寄主植物，这可切断害虫的食物源，达到控制种群数量的目的。如马铃薯甲虫为害马铃薯、茄子、番茄等作物，发生严重的地块马铃薯应与非寄主作物如谷类（玉米、小麦）、大豆、葱和蒜等轮作，使其觅食困难，降低虫口密度。马铃薯块茎蛾幼虫最嗜寄主为烟草，其次为马铃薯和茄子，也为害番茄、辣椒、曼陀罗、枸杞、龙葵、酸浆、刺蓟、颠茄、洋金花等茄科植物；发生严重地块可种植非茄科作物进行轮作。

（2）**严格精选种薯**。严格选用无虫种薯播种。多种害虫如马铃薯块茎蛾、美洲斑潜蝇等能够为害并且隐藏在马铃薯块茎中，应坚决剔除带虫种薯。

（3）**进行适当的种薯处理**。为了防止地下害虫对种薯的侵害，在播种前可以对种薯进行拌种处理。如60%吡虫啉悬浮种衣剂或70%噻虫嗪干种衣剂拌种，除了能够有效减少地下害虫为害种薯的比例外，还可控制马铃薯苗期蚜虫的为害。

（4）**彻底进行田园清洁**。铲除田间、地边杂草，清除植株残体、残叶等，彻底清洁田园。多种马铃薯害虫如桃蚜、小地老虎、茶黄螨、叶蝉、斑潜蝇等能够取食杂草并以此作为中间寄主或栖息场所。其中小地老虎尤为显著，其成虫白天常潜伏于土缝、杂草丛等隐蔽处，夜间产卵，卵多产在5厘米以下矮小杂草上，尤其是贴近地表的叶背或嫩芽上，幼虫三龄前在地面、杂草或寄主幼嫩部位取食。因此，对于小地老虎，早春清除田块周边杂草是防治的重要环节，可有效减少成虫产卵量，如果除草前发现成虫已经产卵，应先喷药后再除草，防治卵遗留田间，孵化后幼虫钻入土中。

（5）**科学耕作管理**。土壤是多种马铃薯地下害虫和部分地上害虫的生活、栖息或越冬场所。深耕改土不仅可以改变土壤的理化性状，有利于作物生长发育，还可以恶化害虫的生活环境，抑制害虫生长发育。深耕可以将害虫暴露于表土，导致其冻死、风干、晒干或被天敌啄食、病原菌寄生等。此外，深耕还可以造成害虫的机械损伤，最终达到防治虫害消灭虫源的目的。该措施对蛴螬、小地老虎幼虫、块茎蛾幼虫、豆芫菁、斑潜蝇等有较好的防治效果，在深秋或初冬翻耕土壤能够显著减少虫口基数。

此外，避免使用未充分发酵腐熟的农家肥。农家肥若未充分腐熟，不仅藏匿于其中的害虫未杀死，而且可吸引多种地下害虫，从而加重田间虫害。

（6）**人工捕捉**。利用昆虫的假死习性和群集为害习性可以对部分害虫进行人工捕杀。在马铃薯二十八星瓢虫、豆芫菁、马铃薯甲虫集群为害或越冬成虫出土高峰期时，可通过敲打植株并用薄膜承接等方式对幼虫或成虫进行收集消灭。

人工摘除并消灭虫卵。部分害虫如马铃薯甲虫、马铃薯二十八星瓢虫等的成虫集中产卵，卵的颜色鲜艳，极易发现，可通过人工摘除卵块的方法消灭部分虫源，该方法虽然简单，但效果显著。

生物防治

狭义的生物防治是指利用天敌防治病原和害虫。广义的生物防治概念是指利用某些生物或生物代谢产物来控制和杀灭病原和害虫。生物防治是一项很有前途的防治措施，是害虫综合治理的重要组成部分。

1. 天敌防治　保护和利用田间存在的天敌昆虫如食蚜蝇、食虫虻、七星瓢虫、猎蝽、草蛉、赤眼蜂、姬小蜂等和捕食性蜘蛛对马铃薯害虫如蚜虫、叶蝉、斑潜蝇、蛴螬等进行防治。在室内人工饲养和繁育天敌昆虫，在害虫发生严重时，向田间释放大量七星瓢虫和寄生蜂等，每隔一周释放一次，共释放2～4次。

近年来，各地都注意到捕食螨的保护利用。以螨治螨可能是目前防治马铃薯田间害螨如茶黄螨等的重要措施。

昆虫病原微生物主要有虫生真菌、细菌、病毒和线虫，其中以真菌中的白僵菌（*Beauveria* spp.）和绿僵菌（*Metarhizium* spp.）、细菌中的芽孢杆菌（*Bacillus* spp.）和链霉菌（*Streptomyce* spp.）以及线虫中的斯氏线虫（*Steinernema* spp.）和异小杆线虫（*Heterorhabditids* spp.）等最为重要，国内外对其研究已相当深入，有些种类已被开发为成熟的微生物农药产品，在农作物和林业生产中广泛推广应用。迄今所报道的这些虫生病原真菌中，球孢白僵菌制剂已在国内外的主要马铃薯产区被广泛地应用马铃薯甲虫的防治。应用实践表明其可有效地控制马铃薯甲虫的为害，避免重大的产量和经济损失，同时还有很好的生态效益。

2. 其他有益动物的利用 其他有益动物包括鸟类、爬行类、两栖类及蜘蛛等。鸟类是多种农林害虫和害鼠的捕食者。啄木鸟和灰喜鹊等能捕食果树和林木的多种害虫。家养雏鸭是捕食稻田飞虱和叶蝉的能手，鸡可捕食大量棉花晒花时掉落在地面的红铃虫幼虫。保护益鸟要采取人工挂巢招引，禁止捕猎。两栖类中的蛙类和蟾蜍是田间鳞翅目害虫、象甲、蝼蛄、蛴螬等害虫的捕食者，自古以来就受到人们的保护。农田蜘蛛有百余种，田间密度可高达每公顷150万头，分布广泛，对马铃薯害虫的捕食作用很明显。对于其他有益生物，目前还是以保护利用为主，使其在农业生态系中充分发挥其治虫作用。

3. 生物农药应用 合理推广应用植物源、微生物源农药防治马铃薯害虫。马铃薯虫生真菌作为一种重要致病菌在虫害生物防治中占据举足轻重的地位，是目前马铃薯虫害绿色防控最有前景的策略之一。应用白僵菌制成的商品化制剂对于防治马铃薯蚜虫、蛴螬、马铃薯二十八星瓢虫、块茎蛾和马铃薯甲虫具有良好效果。而绿僵菌制剂可用于防治蛴螬、地老虎和甲虫。

除此之外，田间施用阿维菌素类制剂可防治斑潜蝇和蓟马为害，施用苦参碱、除虫菊素、蛇床子素等可防治蚜虫，施用苏云金芽孢杆菌制剂、乙基多杀菌素可防治马铃薯甲虫。

物理防治

物理防治是指利用简单工具和各种物理因子如光、电、色、温度、湿度、放射能、声波及机械设备来防控马铃薯病菌和害虫的方法。其内容从

简单的人工捕捉到最尖端的科学技术如应用红外线、超声波、高频电流、高压放电以及原子能辐射等。例如利用灯光诱杀地老虎、鳃金龟等害虫，利用黄板诱杀蚜虫、斑潜蝇等害虫，徒手清除马铃薯病害发生早期的病株、病叶等。

1. 马铃薯病害物理防治 对病害进行物理防治，见效较快，防效较好，不发生生态、环境污染，可以作为病害预防辅助措施。

对马铃薯病害的物理防治措施主要是对种植地或种薯培育地的床土的病原物进行广谱性杀灭。如利用高温、光照对马铃薯采收后的土壤进行消毒。在高温季节，将土壤、苗床土或基质翻耕后覆盖地膜20天，利用太阳暴晒，杀灭土壤中的病原菌。

土壤线虫的防治可利用低温杀灭。在北方，冬季上冻前将生产微型薯的苗床灌透水，自然冻结，可有效防治线虫。

2. 马铃薯虫害物理防治

（1）**毒饵诱集杀灭**。利用部分害虫的觅食习性对其进行诱集杀灭。小地老虎成虫对糖醋液气味具有明显的趋向性，因此，可利用糖6份、醋3份、白酒1份、水10份、90%敌百虫1份配置成毒剂对成蛾进行诱杀。把秕谷、麦麸等饵料炒香，每亩地块用饵料4 ～ 5千克，加入90%敌百虫30倍水溶液150毫升左右，加入水拌匀成毒饵，于傍晚撒于地面，可有效诱杀单刺蝼蛄等害虫。

（2）**黄板诱杀**。马铃薯主要害虫中蚜虫、斑潜蝇、潜叶蝇等具有明显的趋黄习性，可以利用黄板对其进行诱杀。在有翅蚜向马铃薯田迁移时，将30 ～ 40厘米 × 30 ～ 40厘米黄板诱杀有翅蚜虫。黄板高出作物60厘米，悬挂方向以板面东西方向为宜。每亩地块30块即可。该方法最好群防群治，否则可能会累积周边虫源到本田块，加重本田块蚜虫为害。

（3）**灯光诱杀**。马铃薯主要害虫中马铃薯块茎蛾、小地老虎成虫、草地螟、金龟子科成虫、叶蝉、蝼蛄等具有明显的趋光习性，可利用黑光灯、高压汞灯、射灯等对这些害虫进行灯光诱杀。田间灯高一般1.5米，每盏灯灯控面积在2 ～ 4公顷，根据虫害实际发生情况进行密度调整。灯光诱杀成虫对害虫防治具有良好的效果，可降低田间产卵率，压低虫源。

（4）**其他方式诱杀**。种植诱集带作物诱杀害虫。在马铃薯大面积种植的区域，可以在地块边缘种植不同生育期的十字花科作物，以此诱集蚜虫，随后集中喷药防治，减少蚜虫为害。利用性诱剂诱杀部分鳞翅目害虫成虫。购买商品化的部分鳞翅目成蛾性引诱剂悬挂于田间插杆上，下方放置捕虫器，诱集成虫集中杀灭。

（5）**水淹冰冻杀虫**。对于北方培育种薯的苗床，可在冬季上冻前灌透水，利用结冰杀灭地下害虫或其他害虫的越冬蛹。

（6）**设置防虫网阻隔**。马铃薯保护地栽培时，在大棚通风口用尼龙网纱密封可阻隔害虫为害培育苗；在马铃薯种植地使用防虫网覆盖，可防止有翅蚜、斑潜蝇、粉虱等飞行害虫的为害和产卵。

（7）**使用银灰膜避虫**。在蚜虫为害严重的马铃薯种植区，可以在田间铺设或插杆拉挂10厘米宽的灰色反光膜条驱避蚜虫。对于保护地栽培，可以使用银灰色地膜覆盖。该方法对蚜虫迁飞传毒具有较好的防治效果。

化学防治

化学防治就是利用化学农药来杀灭马铃薯病菌和害虫。马铃薯病虫害化学防治的优点是杀虫谱广，作用快，效果好，使用方便，不受地区和季节性局限，适于大面积机械化防治。在目前及今后相当长的一段时间内，化学防治仍然是综合治理的一个重要手段。但化学防治也存在缺点，如保管使用不慎，会引起人、畜中毒，污染环境和造成公害；长期大量使用农药还会引起害虫的抗药性，并杀伤天敌，导致次要害虫上升为主要害虫和某些害虫的再猖獗。因此，要注意合理用药、节制用药，研制高效、低毒、低残留，并具有选择性的农药。同时要考虑改进农药剂型和使用技术，以便尽可能减少其不良影响。

1. 马铃薯病害化学防治　农业防治、物理防治和生物防治措施主要是针对田间病害发生不严重的情况下所采用的几种防控手段。当病害田间发病率达到防治标准后，要科学选择化学农药进行化学防治，其他防治措施作为辅助，扬长避短，充分发挥综合性绿色防控措施的优势。科学用药要求推广高效、低毒、低残留、环境友好型农药，优化集成农药的轮换使用、交替使用、精准使用和安全使用等配套技术，加强农药抗药性监测与治理，普及规范使用农药的知识，严格遵守农药安全使用间隔期。通过合理使用农药，最大限度降低农药使用造成的负面影响。

马铃薯病害中，田间防控以化学防治措施为主的有马铃薯晚疫病、早

疫病、炭疽病、病毒病等。

①防治马铃薯晚疫病的推荐化学药剂有：70%丙森锌可湿性粉剂、500克/升氟啶胺悬浮剂、80%代森锰锌可湿性粉剂、10%氰霜唑悬浮剂、75%百菌清水分散粒剂、1 000亿芽孢/克枯草芽孢杆菌可湿性粉剂、2.1%丁子·香芹酚水剂、50%烯酰吗啉水分散粒剂、68.75%氟菌·霜霉威悬浮剂、50%锰锌·氟吗啉可湿性粉剂、60%唑醚·代森联水分散粒剂、18.7%烯酰·吡唑酯水分散粒剂、60%嘧菌酯·霜脲氰水分散粒剂、68%精甲霜·锰锌可湿性粉剂、72%霜脲·锰锌可湿性粉剂、250克/升嘧菌酯悬浮剂、47%烯酰·唑嘧菌悬浮剂、30%甲霜·嘧菌酯悬浮剂、60%丙森·霜脲氰可湿性粉剂、50%烯酰·膦酸铝可湿性粉剂、28%霜脲·霜霉威可湿性粉剂等，这些药剂属于内吸治疗性、保护性或二者同时作用性杀菌剂，田间中心病株被发现时，需要立即开始喷施保护性杀菌剂进行病害预防，随后随着病害的发展定期喷施内吸治疗性杀菌剂；合理控制喷药次数，喷药间隔为5 ～ 10天。

②防治马铃薯早疫病的推荐化学药剂有：80%代森锰锌可湿性粉剂、250克/升嘧菌酯悬浮剂、70%丙森锌可湿性粉剂、500克/升氟啶胺悬浮剂、80%戊唑醇水分散粒剂、42%戊唑醇·百菌清悬浮剂、75%肟菌·戊唑醇水分散粒剂等，田间马铃薯底部叶片出现病斑时即开始施药，选用广谱性保护性杀菌剂，防治3 ～ 5次，施药间隔期为5 ～ 7天。

③防治马铃薯炭疽病的推荐化学药剂有：75%嘧菌酯·戊唑醇水分散粒剂、50%多·硫悬浮剂、80%福·福锌可湿性粉剂、70%甲基硫菌灵可湿性粉剂、75%百菌清可湿性粉剂等，田间马铃薯发病初期开始喷洒内吸治疗性杀菌剂，防治2 ～ 4次，施药间隔期为7 ～ 10天。

④防治马铃薯病毒病的推荐化学药剂有：0.5%菇类蛋白多糖水剂、0.5%几丁聚糖水剂、0.5%香菇多糖水剂、20%吗胍·乙酸铜可湿性粉剂、5.9%辛菌胺·吗啉胍水剂、5%盐酸吗啉胍可溶粉剂等，田间马铃薯发病初期开始喷洒。

田间防控以化学防治措施为辅的病害包括疮痂病、环腐病、黑胫病、干腐病等。防治这些病害的化学药剂多数配合农业防治措施，即在种薯处理中作为拌种、浸种的化学药剂施用，以防止病原菌随土壤传播和侵染。

2. 马铃薯虫害化学防治　当某些马铃薯虫害大发生时，化学防治是快速高效的控制害虫为害的措施。现今化学农药仍占据着害虫防治中不可替代的重要位置。在化学防治过程中，应科学选择和合理使用化学农药，以符合绿色防控的要求。科学选药要求农药高效、低毒、低残留和环境友好；科学用药则要求优化农药的轮换使用、交替使用、精准使用和安全使用等配套技术。

①防治蚜虫、斑潜蝇的推荐化学药剂有：10%吡虫啉可湿性粉剂、25%噻虫嗪水分散粒剂、5%啶虫脒乳油、2.5%高效氯氟氰菊酯水乳剂、1.5%苦参碱可溶液剂、50%吡蚜酮·异丙威可湿性粉剂等；这些药剂均做喷雾施用。②防治马铃薯地下害虫的推荐化学药剂有：60%吡虫啉悬浮种衣剂、3%辛硫磷颗粒剂。施用方法有拌种、沟施、撒施和浇灌几种。③防治马铃薯甲虫的推荐化学药剂有：20%咪蚜胺可溶剂、5%阿克泰水分散粒剂、70%吡虫啉水分散粒剂、3%啶虫脒乳油、20%啶虫脒可溶性液剂、48%多杀霉素悬浮剂、6%乙基多杀菌素、0.5%印楝素乳油、7.5%鱼藤酮乳油、3%甲维盐乳油、3%高渗苯氧威乳油等。

3. 合理使用化学农药　马铃薯病虫的绿色防控不排斥化学防治，特别是对流行性病害和暴发性害虫，化学防治往往是唯一的应急措施。关键是如何合理的使用。为此，农牧渔业部等单位于1984和1987年又先后制定了《农药安全使用标准》和《农药合理使用准则》。农药的合理使用，需综合考虑下面三个方面。

（1）**安全与防治效果**。马铃薯生长过程中使用农药，首先必须了解该农药的性能、剂型和使用方法、防治对象及注意事项，注意安全间隔期，以免引起公害。同时，还要了解马铃薯对药剂的反应，防止药害。

为保证防治效果，应根据马铃薯病原和害虫的种类，选用适当的农药种类。同时，根据病原和害虫的发生和流行特点，掌握防治适期，以达到最佳效果。

（2）**保护和利用天敌**。农药对病原、害虫、以及天敌的影响取决于药剂本身及其使用技术。如果农药对病原和害虫杀伤力大，对天敌的影响较小，则天敌的抑制作用就会明显地表现出来；反之病原和害虫就会失去控制而造成重大损失。解决化学防治与保护利用天敌的矛盾，可以通过以下途径加以调节和缓和。

①选择药种。忌用广谱农药，使用对天敌杀伤力小的选择性农药。如用昆虫生长调节剂防治马铃薯甲虫、马铃薯二十八星瓢虫等；用选择性杀螨剂防治茶黄螨等。②改进药剂使用方法。如药剂浸种、拌种、毒土法撒

施、内吸剂涂茎、根区施药、药剂点心等代替常规喷雾、喷粉法，对环境的影响也较小，减少对天敌的影响。此外，还可采取“挑治”等方法，以创造有利天敌生存和繁殖的生态条件。③适当放宽防治指标。过去的防治指标多是按经验或按化学防治的要求提出的，因此，指标偏严，用药过早，防治面积偏大。应从综合治理的要求出发，充分利用某些作物的耐害补偿能力，适当放宽防治指标，减少防治面积和田间用药次数。这既可节省工本，又有利天敌种群的发展。

（3）**防止和延缓病菌和害虫产生抗药性**。农药能杀死病菌和害虫，病菌和害虫也能对农药产生抗药性。为防止和延缓抗药性的产生，可采取下列对策。

①轮换使用农药。在一地区连年使用单一的农药，是导致病菌和害虫产生抗性的主要原因。因此，必须注意轮换使用农药，特别是轮用具有不同毒杀机理的农药，以防止和延缓抗药性的产生。

②正确掌握农药使用浓度和防治次数。随意提高农药使用浓度和增加防治次数，是加速病菌和害虫产生抗药性的另一主要原因。因而，要避免盲目用药的现象，低于防治指标坚持不用药。

③对抗药性病菌和害虫换用没有交互抗性的农药。如对菊酯类杀虫剂产生抗性的棉蚜等，可用生长调节剂等农药品种防治。

附录1　主要病虫害防治历

生育期	病虫害	防治技术
播种期	晚疫病、环腐病、地下害虫	1.针对历年病虫害发生情况针对性选用抗虫抗病品种 2.深秋或初冬深翻土壤杀死越冬幼虫 3.地下害虫发生量大时利用5%辛硫磷颗粒剂拌土、制成毒饵或撒施 4.0.5%甲基硫菌灵+0.5%甲霜灵·锰锌+90%滑石粉（过氧化钙）混合拌种可有效预防青枯病等细菌性病害
发芽期	马铃薯甲虫、地下害虫、早疫病、晚疫病、炭疽病、青枯病、病毒病	1.虫害防治 （1）马铃薯甲虫在越冬代成虫出土后，人工捕捉；发生基数大可待产卵盛期可用22%噻虫嗪·高氯氟微囊悬浮剂10毫升/公顷、40%氯虫苯甲酰胺·噻虫嗪水粉10克/公顷、14%氯虫苯甲酰胺·高氯氟微囊悬浮剂10克/公顷 （2）地下害虫用5%辛硫磷颗粒剂拌土、制成毒饵或撒施 （3）蚜虫可用50%氟啶虫胺腈水分散粒剂8 000倍液、22%噻虫嗪·高氯氟微囊悬浮剂10毫升/公顷 （4）螨类可用24%螺螨酯悬浮剂3 000倍液、99%SK矿物油乳油150倍液 （5）甜菜夜蛾用25%灭幼脲悬浮剂4 000倍液或20%虫酰肼悬浮剂13.5～20克、4.5%高效氯氰菊酯乳油600倍液 2.病害防治 （1）炭疽病可选用75%肟菌·戊唑醇水分散粒剂112.5～168.75克/公顷、25%嘧菌酯悬浮剂112.5～187.5克/公顷 （2）晚疫病可选用20%吡唑醚菌酯微囊悬浮剂90～150克/公顷、59%唑醚·丙森锌水分散粒剂398～442克/公顷 （3）青枯病在盛花期或者田间发现零星病株时应立即进行施药预防和控制，可选用72%硫酸链霉素可溶性粉剂500倍液或新植霉素等进行防治
幼苗期	马铃薯甲虫、蚜虫、螨（红蜘蛛）、地下害虫、早疫病、晚疫病、炭疽病、青枯病、病毒病	
块茎形成期	马铃薯甲虫、蚜虫、螨（红蜘蛛）、地下害虫、早疫病、晚疫病、炭疽病、青枯病、病毒病	
块茎增长期	马铃薯甲虫、蚜虫、螨（红蜘蛛）、地下害虫、早疫病、晚疫病、炭疽病、青枯病、病毒病	
淀粉积累期	马铃薯甲虫、蚜虫、螨（红蜘蛛）、地下害虫、早疫病、晚疫病、炭疽病、青枯病、病毒病	

（续）

生育期	病虫害	防治技术
块茎休眠期（贮藏期）	干腐病、软腐病、环腐病、黑心病	1.马铃薯收购前10天不要浇水。收购时应选在晴天，如遇前雨水较多，应充分晾晒。收货后晾晒待薯块表皮干燥后收购入库 2.在收购、运输、入库过程中要轻拿轻放，防治造成擦伤、压伤等机械伤害 3.入库前库房要充分消毒，防治病菌侵染 4.入库后一周内要常通风排湿，一周后降温预冷，库温控制在0 ～ 4℃ 5.要经常检查入库马铃薯变化情况发现问题及早解决

附录2 防治常用农药

通用名	商品名	毒性	防治对象	使用时间	注意事项
吡虫啉	高巧、粉虱净	低毒	蚜虫、叶蝉	发生初期	在傍晚喷洒好
啶虫脒	莫比朗、聚歼	低毒	蚜虫、叶蝉、鞘翅目害虫	发生初期	避免中午喷洒
苏云金杆菌	Bt、苏力菌	低毒	鳞翅目害虫幼虫	低龄幼虫	
机油乳剂	洊螨灵、绿颖	低毒	叶螨、叶蝉	各虫态	发芽前使用
氯虫苯甲酰胺	康宽、奥得腾	微毒	鳞翅目害虫幼虫、鞘翅目害虫	低龄幼虫	叶面喷洒
乙基多杀菌素	艾绿士	中毒	蓟马	低龄幼虫	避免中午用药
辛硫磷		低毒	地下害虫	所有虫态	土壤处理
阿维菌素	螨虫素、齐螨素	中毒	叶螨、鳞翅目害虫	幼虫、成虫	
甲维盐	顽完	低毒	叶螨、鳞翅目害虫	幼虫、成若螨	
高效氯氰菊酯	高效灭百可、歼灭	中毒	所有害虫	所有虫态	
噻螨酮	尼索朗、尼满朗	低毒	叶螨	卵和幼若螨期	在卵期使用
螺螨酯	螨危、螨危多	低毒	叶螨	卵和幼若螨期	
哒螨灵	牵牛星、扫螨净	中毒	叶螨	各虫态	
噻虫嗪	阿克泰、快胜	低毒	蚜虫、叶螨	各虫态	
丙森锌	安泰森	低毒	晚疫病	发病初期	不可与铜制剂和碱性药剂混用
氟啶胺	福帅得	微毒	晚疫病、早疫病、帚顶病毒	发病初期	叶面喷雾
三唑酮	粉锈宁、百理通	低毒	白绢病、内生集壶菌	发病初期	叶面喷雾

（续）

通用名	商品名	毒性	防治对象	使用时间	注意事项
多菌灵	防霉宝、富生	低毒	黄萎病	预防	块茎播种前浸种、土壤处理、叶面喷雾
百菌清	多清、泰顺	低毒	晚疫病、尾孢叶斑病	预防	块茎播种前处理
代森锰锌	大生、百立安	低毒	晚疫病、早疫病、青枯病、银腐病	预防、发病初期	块茎播种前处理、灌根、叶面喷雾
甲霜灵·锰锌	雷多米尔·锰锌、稳好	低毒	青枯病、疮痂病	预防、发病初期	块茎播种前处理、叶面喷雾
嘧菌酯	阿米西达	低毒	早疫病、炭疽病	预防、发病初期	块茎播种前处理、叶面喷雾

参考文献
REFERENCES

白建明，陈晓玲，卢新雄，等，2010. 超低温保存法去除马铃薯X病毒和马铃薯纺锤块茎病毒[J]. 分子植物育种，8（3）：605-611.

郭文超，谭万忠，张青文，2013. 重大外来入侵害虫马铃薯甲虫生物学、生态学与综合防控[M]. 北京：科学出版社.

郝丽萍，2011. 马铃薯主要病虫害绿色防控技术[J]. 农业技术与装备（10）：47-48.

何江，郭文超，吐尔逊，等，2015. 生物源类农药对马铃薯甲虫的田间防治效果评价[J]. 新疆农业科学，52（2）: 258-262.

贺莉萍，禹娟红，2015. 马铃薯病虫害防控技术[M]. 武汉：武汉大学出版社.

李洪浩，丁凡，余韩开宗，等，2017. 马铃薯疮痂病的发生及防治措施[J]. 四川农业科技(2)：25-26.

李莉，杨静，刘文成，2017. 马铃薯软腐病的辨别及防治方法[J]. 园艺与种苗(8)：63-64，79.

吕文河，1998. 马铃薯纺锤块茎病[J]. 马铃薯杂志，12（1）：60-61.

彭旭之，许明，2015. 马铃薯黑胫病与病毒病防治要点[J]. 农民致富之友(7):111.

漆永红，杜蕙，曹素芳，等，2011. 不同药剂对甘薯茎线虫病病原马铃薯腐烂茎线虫的影响[J]. 江苏农业科学(1)：150-152.

邱彩玲，董学志，魏琪，等，2014. 不同马铃薯软腐病菌的致病力分析[J]. 中国马铃薯，28(02)：90-93.

邱彩玲，范国权，申宇，等. 2017. 马铃薯生产中马铃薯纺锤块茎类病毒的综合防治[J]. 中国马铃薯，31（3）：154-159.

佘小漫，蓝国兵，何自福，等，2015. 广东马铃薯黑胫病的病原鉴定[J]. 植物病理学报，45(05):449-454.

王永崇，2014．作物病虫害分类介绍及其防治图谱:马铃薯软腐病及其防治图谱[J]．农药市场信息，(20):55.

王针针，沈艳芬，陈家吉，等，2017． 中国马铃薯疮痂病研究进展[A]//．中国作物学会马铃薯专业委员会．马铃薯产业与精准扶贫2017[C]．中国作物学会马铃薯专业委员会：7.

吴玲霞，2014．3种药剂处理对马铃薯黑胫病防效初报[J]．甘肃农业科技(6)：49-50.

原霁虹，2012．马铃薯腐烂茎线虫病害的发生及其防治措施[J]．青海农林科技，(3)：41-42，91.

张斌，2017.彩图板马铃薯栽培及病虫害绿色防控[M].北京：中国农业出版社.

张蜀敏，邓可宣，熊方杰，等，2016.马铃薯虫害绿色防控和药物创新[A]//.中国作物学会马铃薯专业委员会.2016年中国马铃薯大会论文集[C].中国作物学会马铃薯专业委员会.

张悦，2018．马铃薯主要土传病害的防治技术[J]．现代化农业(3)：16-17.

左秀芝，2017.简析锡林郭勒地区马铃薯侵染性病害的识别与防空[J].农业与技术，37（20）：31.

图书在版编目（CIP）数据

马铃薯病虫害绿色防控彩色图谱 / 李国清，郭文超主编．—北京：中国农业出版社，2020.8
（扫码看视频．病虫害绿色防控系列）
ISBN 978-7-109-25689-7

Ⅰ．①马…　Ⅱ．①李…　②郭…　Ⅲ．①马铃薯-病虫害防治-图谱　Ⅳ．①S435.32-64

中国版本图书馆CIP数据核字（2019）第142982号

MALINGSHU BINGCHONGHAI LüSE FANGKONG CAISE TUPU

中国农业出版社出版
地址：北京市朝阳区麦子店街18号楼
邮编：100125
责任编辑：郭晨茜　国　圆　文字编辑：浮双双
责任校对：吴丽婷
印刷：北京通州皇家印刷厂
版次：2020年8月第1版
印次：2020年8月北京第1次印刷
发行：新华书店北京发行所
开本：880mm × 1230mm　1/32
印张：4.5
字数：150千字
定价：30.00元